Johannes Jaeger

Klosterleben im Mittelalter

Ein Kulturbild aus der Glanzperiode des Cistercienserordens

EHV
HISTORY

Johannes Jaeger

Klosterleben im Mittelalter

Ein Kulturbild aus der Glanzperiode des Cistercienserordens

ISBN/EAN: 9783955642754

Auflage: 1

Erscheinungsjahr: 2013

Erscheinungsort: Bremen, Deutschland

@ EHV-History in Access Verlag GmbH, Fahrenheitstr. 1, 28359 Bremen. Alle Rechte beim Verlag und bei den jeweiligen Lizenzgebern.

Klosterleben
im
Mittelalter.

Ein Kulturbild aus der Glanzperiode
des Cistercienserordens.

Von

Dr. phil. Johannes Jaeger.

Stahel'sche Verlags-Anstalt, Würzburg
Königlicher Hof- und Universitäts-Verlag.
~ Im 150. Jahre ihres Bestehens 1903. ~

Auf den von Benedikt von Nursia (geb. 480, † 543) gegründeten Benediktinerorden fielen zeitweilig tiefe Schatten. Allzugrosser Reichtum der Klöster, Übergriffe weltlicher Grossen, sogenannte Laienäbte, allgemeine menschliche Schwachheit brachten den Orden wiederholt in Misskredit. Einzelne Kongregationen bahnten wohl von Zeit zu Zeit heilsame Reformen des Benediktinerordens an, so die grosse Kongregation des Klosters Clugny in Burgund. Der zweite Abt von Clugny, Odo (927—941), bildete die Regel seines Klosters weiter aus als verschärfte Benediktinerregel und schärfte besonders Stillschweigen (Zeichensprache), Gehorsam und Wohltätigkeit ein. Clugny wurde bald berühmte Musteranstalt. Der Abt von Clugny wurde von Fürsten und Herren veranlasst, da und dort nach Clugny's Vorbild neue Klöster zu gründen, und alte zu reformieren: so enstand die Cluniacenser Kongregation, nicht sowohl auf Grund einer neuen Regel — denn es waren Benediktiner — als auf Grund einer neuen, streng monarchischen Verfassung. Diese Kongregation breitete sich rasch aus und erhielt bald Einfluss auf die gesamte Kirche. Die deutschen Kaiser, die Könige von Frankreich traten in nahe Beziehung zu Clugny. Die Gunst der Päpste häufte Privilegien und Exemptionen auf Clugny, die Gunst der Fürsten Güter und Kleinodien. Das war das Verderben Clugny's, dessen Zucht seit Abt Pontius (1109—1125) verfiel.

Wie der Mönchsorden der Cluniacenser, so ist auch der Orden der Cistercienser aus dem Bedürfnis der Klosterreform hervorgewachsen. Sein Stifter ist der hl. Abt Robert. Da es ihm unmöglich erschien, in dem Benediktinerkloster St. Michael de la Tonnere, dem er vorstand, den guten Geist der alten Benediktinerregel heimisch zu machen, trat er aus demselben aus und zog mit anderen Einsiedlern in einen Wald in Molesme. Als aber auch hier wieder Zuchtlosigkeit einriss, begab er sich mit 20 seiner besten Genossen 1098 nach Citeaux (Cistercium), wo bald ein herrliches Kloster mit guter Zucht und Ordnung erblühte. Im Kloster Citeaux sollte die alte Regel St. Benedikts in der strengsten Weise ausgeführt werden.

Unter den Nachfolgern des Abtes Robert, unter den Äbten Alberich und Stephan, schien die Stiftung schon zu erlöschen, als 1113 der berühmteste Cistercienser, Bernhard von Clairvaux, angezogen von der schwärmerischen Askese und ausserordentlichen Strenge, die in Citeaux herrschte, mit 30 Genossen in dieses Kloster eintrat. Was der Cistercienserorden geworden ist, ist er durch S. Bernhard, den ersten Abt von Clairvaux, geworden: er ist der eigentliche geistliche Vater des Cistercienserordens und hat denselben zu ungeahnter Blüte gebracht.

Schon in den zwei nächsten Jahren (1114 und 1115) wurden 4 neue Klöster von Citeaux aus gegründet, später Stammklöster genannt: Le Ferté, Pontigny, Clairvaux und Morimond.

Im Jahre 1115 wurde Bernhard in einem Alter von 25 Jahren als Abt des neugegründeten Klosters Clairvaux entsendet. Was er ergriff, ergriff er mit ganzer Seele, und was er für richtig erkannt hatte, dafür trat er ein mit dem ganzen Feuer seiner Beredsamkeit. Bernhard von Clairvaux ist für viele ein geistlicher Führer geworden; auf Mönchtum und Klosterleben hat er einen mächtigen Einfluss ausgeübt. Auch in die grossen Händel der Zeit griff er entscheidend ein. Voll Sterbensfreudigkeit und Sehnsucht nach dem Schauen Gottes ist er am 20. August 1153 gestorben. Er leuchtet hervor als Vertreter der Einfalt und Innigkeit des Glaubens im Kampf mit dem Dünkel einer alles begreifen und erklären wollenden Wissenschaft. Mit seinem mystisch-kontemplativen Wesen musste er sich z. B. im Streit gegen Abälard von dessen kritischer, skeptischer Natur und dialektischen, spekulativen Theologie abgestossen fühlen. Aber er war fern davon, die Wissenschaft zu verachten oder zu verdammen; er erkannte sie vielmehr als eine heiligende und für den Dienst der Kirche nutzbar zu machende Gabe Gottes an, verlangte jedoch, dass sie auf Demut gegründet sein und dass die Gotteserkenntnis von der rechten Selbsterkenntnis ausgehen solle. Er war von der Überzeugung durchdrungen, dass man Gott auf einem anderen Wege als durch die Wissenschaft suchen und finden müsse. „Gott", sagt er, „wird würdiger gesucht und leichter gefunden durch Gebet, als durch wissenschaftliche Untersuchung". Er war überzeugt, dass man zuerst vom Herzen aus zu Gott sich erheben müsse; den Glauben bezeichnet er als das Vorausnehmen einer dem Erkennen des Geistes noch verhüllten Wahrheit durch die vom Willen bestimmte Richtung des Gemüts. So bildete in seiner Seele der kindliche Glaube den alles bestimmenden Grundton. Er erkannte ferner wohl, was Christus als Ur- und Vorbild des heiligen Lebens sei. Das Beispiel der Demut und Liebe war ihm etwas Grosses, hatte aber für ihn nur festen Grund in der Erlösung. —

In den Cistercienserklöstern lebte im 12. und 13. Jahrhundert S. Bernhards Geist. Auch von den fränkischen Klöstern des Cistercienserordens darf dies behauptet werden. Denn eine ganze Reihe bedeutender Niederlassungen dieses Ordens hatte Franken damals bereits aufzuweisen; ich nenne nur Ebrach, Langheim, Aldersbach, Bildhausen, Heilsbronn (Himmelstadt, Himmelthal, Himmelkron, Himmelpforten b/Würzburg, Mariaburghausen, Schlüsselau, Schönau, Wechterswinkel) u. a. Das älteste und zugleich durch alle Zeiträume hindurch bedeutendste Cistercienser-Männerkloster war E b r a c h, das im Jahre 1803 säkularisiert worden ist. Vom Mittelalter ist in Ebrach nur noch die berühmte Klosterkirche*) vorhanden; sie predigt von der Macht des Geistes, der im 13. Jahrhundert als S. Bernhards Erbe die Ebracher Mönche erfüllte. Andere Beweise aus jener Zeit sind leider, wie es wünschenswert wäre, nicht mehr vorhanden. So mussten wir unsere Belege und Beispiele der Geschichte der Abtei Clairvaux entnehmen.

Möge die nachfolgende Darstellung der Blütezeit des Cistercienserordens überall in Franken und vielleicht auch anderwärts dasselbe Interesse finden, das der Verfasser bei seinen Studien zur Geschichte der ehemals so berühmten Abtei Ebrach seit mehr als 12 Jahren der Geschichte dieses Ordens entgegengebracht hat.

Amberg, im Mai 1903.

Dr. Johannes Jaeger.

---

*) S. mein illustriertes Werk „Die Klosterkirche zu Ebrach". Ein kunst- und kulturschichtliches Denkmal aus der Blütezeit des Cistercienser-Ordens. Mit 127 Abbildungen. Würzburg, Stahel'sche Verlags-Anstalt, Kgl. Hof- und Universitäts-Verlag, 1903.

Der allgemeine Lebenszweck der Menschheit ist das Familienleben. Doch die Natur einerseits, andererseits der menschliche Wille, der nicht die ersehnte Befriedigung darin fand, und andere Faktoren haben Ausnahmen zu dieser Regel geschaffen. Die Vestalinnen Roms, die Druidinnen Galliens, die Bonzen Asiens, die Derwische des Islams, dieser so sehr der Sinnlichkeit huldigenden Religion, die stehenden Heere, die Gefängnisse mit ihren Insassen in der Neuzeit mögen als Beispiele dienen. Das Zölibat kann indes auch vom nationalökonomischen Standpunkte aus betrachtet werden. Wenn die Ertragsfähigkeit eines Landes mit seiner Bevölkerungsziffer nicht mehr im geraden Verhältnis steht, so muss der Überschuss abgeleitet werden, sei es durch Auswanderung, sei es durch Beschränkung der Fortpflauzung. Während in der Neuzeit vorzugsweise die erstere Möglichkeit in Betracht kommt, existierte dieser Ausweg im Mittelalter nicht. Im 14. und 15. Jahrhundert lichteten wohl der „schwarze Tod", die verheerenden Kriege mit England und die Hungersnot in ihrem Gefolge die Bevölkerung Frankreichs, der Heimat der Cistercienser, im 11. und 12. Jahrhundert dagegen konnte der wachsenden Zunahme der Bevölkerung nur eine damit im Verhältnis stehende Ausbreitung des mönchischen und priesterlichen Zölibats entgegengesetzt werden. Die Klöster im Mittelalter waren durch die Pflege des Gebets, der Selbstverleugnung und ihre Arbeit von unleugbarem Segen. Und selbst die hartnäckigen Leugner der objektiven Wirkung des Gebets würden ungerecht gegen die Stifter der Mönchsorden sein, wollten sie die jene beseelenden religiösen Gefühle einfach ignorieren und den Einfluss, den dieselben auf ihre Taten hatten, gering anschlagen. Ist doch die Selbstaufopferung im Dienste der Allgemeinheit der höchste Ruhm, die wahre Grösse des Menschen, und die Notwendigkeit derselben ein historisches Gesetz! Und wenn der Mensch, diesem Gesetze folgend, sein so erhabenes

Ziel nicht erreicht, soll man deshalb sein Streben nach demselben verwerfen? Doch abgesehen von dem Gebet hatten die Selbstverleugnung und die Arbeit der Mönchsorden einen nicht abzuleugnenden Nutzen für die Gesellschaft. Der Umstand, dass die Hohen dieser Erde zahlreich in die Mönchsorden eintraten, sich allen Gesetzen derselben unterwarfen, war den gedrückten Gliedern der unteren Gesellschaftsklassen eine eindringliche Predigt der Geduld im Leiden, der tröstenden Hoffnung auf ein besseres Jenseits und einer ausgleichenden Gerechtigkeit. Die durch die harte Arbeit ihrer Hände erworbenen und durch weise Sparsamkeit erhaltenen Reichtümer ermöglichten auf der einen Seite jene Wohltätigkeit im grossartigsten Massstabe, wie sie die Orden bei Hungersnöten betätigten; andererseits leisteten sie der Gesellschaft dadurch einen unberechenbaren Nutzen, dass sie sich die Urbarmachung und rationelle Anpflanzung des Bodens in ganz hervorragendem Masse angelegen sein liessen.

Leider wurde der Orden der Cistercienser, den wir hier besonders im Auge haben, im Verlaufe der Zeit seiner hohen Mission untreu. Aber das Bedauern über diese Tatsache darf uns nie die grossartigen Verdienste übersehen lassen, die diesem Verfall vorausgingen.

Unsere Aufgabe sei, im folgenden auseinanderzusetzen, was der Cistercienserorden zu den Zeiten seines Glanzes war. Im Verlauf dieser Aufgabe werden wir Belege und Beispiele oft der Geschichte des berühmtesten Cistercienserklosters, der von dem grössten Cistercienser gegründeten ehemaligen Abtei Clairvaux im franz. Departement Aube, entnehmen, die dank der Berühmtheit und Genialität ihres Stifters, sowie durch ihren Ruf und ihren Einfluss mit Fug und Recht den ersten Platz unter den Abteien und Niederlassungen des Cistercienserordens einnimmt.

I. Das Leben der Mönche in den Cistercienserklöstern.

Die Arbeit und das Gebet sind die beiden Hauptlebenszwecke eines Christen. „Bet' und arbeit', so hilft Gott allezeit!" Besonders im Cistercienserorden wurde die Erfüllung dieser doppelten Pflicht zu einer Art kategorischen Imperativs. Der Orden von Citeaux als Ganzes widmete sich ausschliesslich der Arbeit und dem Gebet. Keines seiner Glieder war von der Übung des einen oder anderen befreit. Damit aber die Gesellschaft der Cistercienser in der Erfüllung dieser beiden Hauptobliegenheiten des Menschen eine möglichst hohe Stufe erreiche, hatte man die gemeinsame Aufgabe — in einem gewissen Masse — geteilt. Daher der Unterschied in Mönche im strengeren Sinne und Laienbrüder, ein Unterschied, den schon die Benediktiner machten, der aber bei den Cisterciensern in viel energischerer und prägnanterer Weise zum Ausdruck gelangte. Der Mönch arbeitet auch, zweifelsohne, aber seine Hauptbeschäftigung ist doch die Pflege des Gebets, und alle anderen Pflichten müssen hinter dieser zurückstehen. Er betet gemeinsam mit den Brüdern, folgsam dem Gebote des Herrn. Die Form seines Gebetes ist die durch die uralte Überlieferung der Kirche geheiligte Liturgie. In Gemeinschaft mit seinen Brüdern erhebt er im feierlichen Gesange seine Stimme zum Lobe Gottes und der Heiligen, deren Dienst er den besten Teil seines Lebens geweiht hat. Der Laienbruder (Conversus) hingegen unterzieht sich der niedrigsten Arbeit; die schwere Arbeit der Hände ist seine Aufgabe. Zu früher Morgenstunde, beim Grauen des Tages erhebt er sich vom harten Lager, um das Feld zu bearbeiten, das Vieh zur Weide zu treiben. Im Kloster ist er der Gerber und Schuster, der Weber und Schneider, der Müller und Bäcker; aber alle diese Arbeiten verrichtet er unter beständigem, nachdenkendem Stillschweigen, unter Gebet; immer aber und überall, als Arbeiter, als Hirte, als Handwerker ist er in erster Linie Ordensbruder.

Wir werden hauptsächlich von den Mönchen sprechen, die das Haupt des Ordens sind, wie die Laienbrüder die schaffenden Hände. Die ersteren auschliesslich hatten die Berechtigung, die einzelnen Würden zu bekleiden, sie allein konnten an der Abtswahl teilnehmen. Doch werden wir auch auf die verschiedenen Besonderheiten, die Mönche und Laienbrüder trennten, Bezug nehmen.

Eine besondere Klasse von Ordensgliedern, die Oblati, Donati und Familiares, nahmen wohl an den religiösen Übungen teil, ebenso wie die eigentlichen Mönche und Laienbrüder, doch waren sie nicht „Genossen" im strengeren Sinne und standen daher ausserhalb der Regel. Wir hören nur wenig von ihnen. Man scheint anfangs den Prinzipien der Templer gefolgt zu sein, die ja auch von Bernhard von Clairvaux verfasst sind. Die „Angereihten" durften ihre Frauen behalten. Der Orden hat Erbrecht beim Tode des Ehegatten; die eine Hälfte der Güter fällt ihm beim Tode des zuerst verstorbenen Teils zu, die andere beim Tode des anderen Ehegatten. Im 13. Jahrhundert verlangt die Ordenssatzung auch von ihnen die Ablegung der drei Gelübde: der Armut, der Keuschheit und des Gehorsams, sowie das Tragen der Tonsur und eine Art Mönchshabit. Aber ein späteres Ordensstatut von 1453 erklärt ausdrücklich, dass sie stets in der Ehe leben und weltliches Gewand tragen durften. Die Abtei Clairvaux hatte solche Oblaten, die wir im 13. Jahrhundert an der Ernte teilnehmen sehen. Im Jahre 1224 schenkten Dominicus und Odo von Gillaucourt ihre Güter dem Kloster Clairvaux. Dieses hingegen verpflichtete sich zur Lieferung von Nahrung und Kleidung zeitlebens, bei ihrem Tode ihnen die letzten Liebesdienste zu erweisen und für ihre Seelen zu beten.

Die Grundlage der Ordenssatzungen der Cistercienser bildete, wie bei den meisten übrigen Mönchsorden, die Ablegung der drei Gelübde, der Keuschheit, der Armut des Einzelnen, des Gehorsams, zu denen sich hier noch, wie übrigens auch noch bei einzelnen anderen Orden, das charakteristische Gelübde des Schweigens gesellt.

Die Verletzung des Keuschheits-Gelübdes wurde je nach den Umständen mehr oder minder hart bestraft. In einzelnen Fällen wurde der Schuldige aus dem Kloster gestossen und in ein anderes versetzt; in anderen Fällen hingegen konnte er aus dem Orden gestossen, ja zu lebenslänglichem Gefängnis verurteilt werden. Im übrigen waren alle erdenklichen Massregeln getroffen, diese Gefahr möglichst zu verringern.

Ein Fundamentalgesetz des Ordens war es in erster Linie, die Weiber aus allen Wohnungen der Brüder zu verbannen. Es war ihnen versagt, die Schwelle des Klosters zu übertreten, ja, sich in der Umfriedigung der klösterlichen Ökonomiegebäude aufzuhalten. Die Gepflogenheit anderer Orden, Weiber als Viehmägde oder Wäscherinnen in die Klöster einzulassen, war vom Generalkapitel ausdrücklich verpönt. Ursprünglich ward es mit der Befolgung dieser Satzung so genau genommen, dass es sogar dem Pförtner untersagt war, den Frauen der Nachbarschaft Almosen zu spenden — ausser zu Zeiten der Hungersnot, und dann bedurfte es noch einer ausdrücklichen Erlaubnis des Abts. Als 1190 Frauen in eine der Klosterkirchen eingetreten, mussten Abt und Brüder zur Strafe einen Tag bei Wasser und Brot fasten. Das gleiche Schicksal traf die Brüder von Belleraux 1192, dazu erhielten sie ohne Ausnahme noch eine körperliche Züchtigung vom Generalkapitel zudiktiert, weil Frauen am St. Peterstage die Kirche betreten hatten. Im folgenden Jahre setzt das Generalkapitel fest, dass jeder Abt, der ein Betreten der Klosterräume durch Frauen zulasse, unwiderruflich abgesetzt werde; führe ein Mönch sie ohne Vorwissen des Abts ein, so solle er aus dem Hause gejagt werden. Nur während des Kirchweihfestes soll eine Ausnahme gemacht werden; sonst solle bei ihrem Erscheinen der Gottesdienst sofort unterbrochen werden. Die Zahl der Tage, während welcher Frauen die neugeweihte Kirche eines Cistercienserklosters betreten durften, war auf 9 festgesetzt. Ja, man ging noch weiter: 1194 wurde der Gottesdienst in der Abtei Edsendurc untersagt, solange Frauen ein benachbartes, dem Bischof gehöriges Haus bewohnten. Im Jahre 1205 wurde der Abt von Pontigny vor dem Generalkapitel bezichtigt, die

Königin von Frankreich mit ihrem Gefolge zu einer Kapitelspredigt, zur Prozession im Kloster zugelassen und sie nebst ihren Frauen noch 2 Tage im Siechenhause beherbergt zu haben. Ein Brief des Papstes und eine Erlaubnis des Abts von Citeaux hatten ihn ermächtigt, die Königin zu empfangen; doch man fand, dass er die Grenzen dieses Dispenses überschritten habe, dass der Zulass einer solchen Menge von Frauen jeder Ordenssatzung der Cistercienser Hohn spreche; man hielt ihm vor, dass er verdient habe, unverzüglich abgesetzt zu werden. Auf die Fürsprache des Erzbischofs von Rheims und mehrerer anderer Kirchenfürsten liess man ihm seine Abtei, doch, um eine so eminente Übertretung nicht ungeahndet hingehen zu lassen, wurde ihm der Abtstuhl für 7 Monate versagt, für die gleiche Zeit das Messelesen verboten, zudem musste er 6 Tage fasten, wovon 2 bei Wasser und Brot. Die Ordensregel verbot ferner jedem Bruder, allein mit einer Frau zu sprechen (Dist. X. cap. XXI. apud Nom. Cisterc. 343).

Erst im 15. und 16. Jahrhundert lässt diese eiserne Strenge nach. Ein Statut aus dem Jahre 1454 erlaubt Prinzessinnen und hochgestellten Damen, dem Gottesdienst in Cistercienserkirchen anzuwohnen. Die „Pariser Artikel" von 1493 erlauben den Mönchen, hohe Damen in den Wohnräumen der Ordensleute zu empfangen; sie ermächtigen auch die Äbte, zur Pflege des Geflügels Frauen heranzuziehen. Im Jahre 1540 ermächtigt das Generalkapitel den Abt von Clairvaux, Frauen in sein Kloster einzuführen und sogar sie zu beherbergen. Das gleiche Recht hatte sein Stellvertreter oder der Prior in seiner Abwesenheit. Noch heute zeigt man Fremden in den überbliebenen Gebäuden von Clairvaux die Räumlichkeiten des einstigen Frauenlogis'.

Ein weiteres Gelübde war das **persönlicher Armut**. Wenn ein Novize in den Orden eintreten will, „so soll er" — sagt Bernhard von Clairvaux — „damit beginnen, seine Güter unter die Armen zu verteilen oder sie in feierlicher Schenkung dem Kloster übermachen, und zwar ohne den geringsten Vorbehalt; denn er möge bedenken, dass er von diesem Tage an nicht einmal mehr Herr seines eigenen Körpers ist. Ferner soll man ihn in der Kirche seiner eigenen Kleider entledigen und ihm Mönchskleider anlegen. Dem Vestiarius (Vorstand der Kleider- und Wäschekammer) soll man seine weltliche Tracht übergeben. Will er eines Tages, vom Teufel getrieben — was Gott verhüten möge! — das Kloster verlassen, so soll man ihm die geistliche Kleidung abnehmen und an der Pforte ihm seine eigene anlegen." Das nämliche Prinzip ist auch an anderen Stellen ausgesprochen: „Ein Mönch darf nichts als Eigentum besitzen, weder ein Buch, noch ein Schreibheft, noch eine Feder . . . . Er muss alles vom Abt erhalten, er darf nur besitzen, was der Abt ihm gegeben oder erlaubt; Alles sei Allen gemein."

Jeder Mönch, der ein Amt hatte, musste dem Abt über die ihm anvertrauten Werte Rechenschaft ablegen, aber auch der Abt verfügte nicht über eine Privatschatulle, sondern hatte mit der Genossenschaft gleiche, von ihr unzertrennbare Einnahmequellen; beide waren „solidarisch"! Die ursprüngliche Gesetzgebung der Cistercienser geht hinsichtlich dieses Punktes ins einzelnste mit einer minutiösen Strenge ein: „Der Mönch oder Laienbruder, der auf frischer Tat über einem Diebstahl o d e r über dem Besitz von Eigentum" — was das Gleiche war, da jedes persönliche Eigentum ein Diebstahl am Gemeingut war — „betroffen wird, soll mindestens ein Jahr lang, oder, wenn es dem Abt gut erscheint, noch länger darüber hinaus, von Allen der Letzte sein; während eines Jahres sei er jeden Freitag auf Wasser und Brot gesetzt, vierzig Tage lang soll Wasser und Brot seine einzige Nahrung sein. Der Laienbruder soll seine Nahrung auf der Erde sitzend zu sich nehmen, während der vierzig Tage werde er im Kloster eingesperrt, unter stetem Stillschweigen mit der ihm aufgetragenen Arbeit beschäftigt, und nur mit dem Abte oder seinem Stellvertreter oder dem Meister der Laienbrüder (magister Conversorum) soll er sprechen dürfen. Auch für seinen Beichtvater sei eine Ausnahme gestattet. Ein solcher Laienbruder wohne allen Horen der Konventualen an, bei jedem Kapitel der Brüder empfange er die Züchtigung (also alle 8 Tage), alles dies ein Jahr lang. Der Mönch empfange die Züchtigung bei jedem Kapitel der Mönche, vierzig Tage lang. Überschreitet der Wert des Gestohlenen 20 Sous, so soll der Dieb, der Mönch wie der Laienbruder, der Ordenstracht entkleidet und vor die Türe des Klosters gestellt werden".

Eigentum besitzen war eines der schwersten Verbrechen, die ein Cistercienser begehen konnte. „Aufrührer, Brandstifter, Diebe, Besitzer von Eigentum sollen" — so sagt ein Ordensstatut von 1183 — „jedes Jahr am Palmsonntag nach der Predigt exkommuniziert werden. Vorher sollen Nichtordensglieder das Kapitel verlassen; alsdann spreche der Vorsitzende des Kapitels, angetan mit der Stola, einen brennenden Leuchter in der Hand, die Exkommunikation aus im Namen Gottes, des Allmächtigen, des Vaters, des Sohnes und des heiligen Geistes, der gebenedeiten Jungfrau, aller Heiligen und des gesamten Ordens". Eine Folge dieser Exkommunikation war, dass die so Bestraften nicht kirchlich begraben wurden. Als man 1193 bei einem Laienbruder von Bonneval bei seinem Tode 3 Deniers fand, wurde er ausserhalb des Friedhofes eingescharrt, und nur der Umstand, dass das Generalkapitel die zu seinem Gunsten vorgebrachte

Entschuldigung, er sei geisteskrank gewesen, gelten liess, verschaffte ihm ein kirchliches Begräbnis. Im Jahre 1227 fand man gleicherweise bei einem verstorbenen Laienbruder 5 Deniers; aber alles, was man zu seiner Entschuldigung vorbrachte, wurde vom Generalkapitel als nicht stichhaltig abgewiesen.

Das dritte Gelübde war das des Gehorsams. Als erster Grad der Erniedrigung empfiehlt S. Benediktus den Mönchen den Gehorsam. Gehorchet ohne Furcht und Zagen, ohne zu zaudern und zu zittern, ohne Murren; denn Gehorsam gegen die Oberen ist Gehorsam gegen Gott! Die Schrift sagt: „Hütet euch, eurem eigenen Willen zu folgen!" und „Lasst uns Gott bitten, auf dass er seinen Willen in uns offenbare"! und an einer anderen Stelle: „Manche Wege scheinen uns gerade, und doch enden sie im tiefsten Pfuhl der Hölle". Die Gebote des Gehorsams sind vom Orden und Generalkapitel sanktioniert. Wer dem Abt den Gehorsam verweigert, werde mit Ruten gestrichen! Diese peinlich strenge Sittenzucht war eine Gepflogenheit des Cistercienserordens im Anfang seines Bestehens, was viele Aufzeichnungen aus dieser Zeit beweisen. Aber auch freiwillig unterzogen sich Cistercienser der Geisselung, wie man aus einem Briefe des Abts Fastredus von Clairvaux ersieht. Die Geisselung und andere minder harte Mittel, wie die Entziehung gewisser Nahrungsmittel bis zu den härtesten Massregeln, Versetzung in ein anderes Kloster und schimpfliche Ausstossung aus dem Orden, mochten wohl in der ersten Zeit genügen; als aber der ursprüngliche Glaubenseifer nachliess, musste man zu anderen Mitteln greifen, und was anfangs eine freiwillige Selbstkasteiung war, wurde in der Folge zu einem zwangsweisen Zuchtmittel. Der Märtyrertod Gerhards[*], des 6. Abts von Clairvaux, ist ein Beispiel dieses Systemwechsels und der Gefahren, die er in sich barg. Im 13. Jahrhundert werden in allen Abteien Gefängnisse eingerichtet, eine Massnahme, die durch das Generalkapitel vom Jahre 1229 vorgeschrieben, von späteren Bestimmungen aufrecht erhalten wurde. Die Gefängnisse erhielten sich in den folgenden Jahr-

---

[*] Ein sittenloser Mönch hohen Standes, der sich viele Verirrungen zuschulden kommen liess und ein zügelloses Leben führte, wurde von dem für Gerechtigkeit, Sitte und Zucht eifernden Abt Gerhard in das Kloster Igny verbannt. Nach einiger Zeit kam Gerhard nach Igny, ermahnte den Schuldigen in liebevoller Weise zur geduldigen Tragung einer Strafe, die nur sein Bestes bezwecke. Der Mönch hörte scheinbar gelassen zu, versprach Besserung; anderen Tags lauerte er dem Abte auf und stiess ihn vor seinem Schlafgemache nieder. Gerhard sank, ohne einen Laut von sich zu geben, zu Boden und verschied nach drei Tagen. Der Mörder entkam. Abt Gerhards Leiche wurde unter feierlicher Absingung von Psalmen nach Clairvaux überführt, er selbst aber unter die Zahl der Märtyrer aufgenommen.

huuderten, wie man aus den „Neueren Bestimmungen" und den „Pariser Artikeln" ersieht.

Zu den drei Mönchsgelübden der Armut, des Gehorsams und der Keuschheit kam bei den Cisterciensern noch, wie bereits erwähnt, das charakteristische Gelübde des S ch w e i g e n s.

Wilhelm von S. Thierry, der Clairvaux zur Zeit des hl. Bernhard besuchte, berichtet, dass am hellen Tage dort eine solche Ruhe, eine solche Stille herrschte, wie sonst nur in tiefer Nacht. Diese Stille sei nur selten unterbrochen durch das Geräusch der Arbeit und die Lobgesänge zu Ehren Gottes. Im Kloster durften Mönche sich nur im Sprechzimmer unterhalten, wozu die Erlaubnis des Abts oder Priors nötig war; auch wurden, Notfälle ausgenommen, nie mehr als zwei auf einmal zugelassen; auch war die Gegenwart des Priors Vorschrift. Bei der Arbeit wurde nur das zur Erklärung unumgänglich Nötige gesprochen und dann abseits in Gegenwart des Priors mit leiser Stimme. Wer das Gelübde wissentlich übertrat, musste einen Tag bei Wasser und Brot fasten. Für die Laienbrüder galten dieselben Bestimmungen, doch wurden sie mit weniger Strenge gehandhabt. —

Ausser der Arbeit pflegten die Cistercienser das G e b e t. Das liturgische Gebet der Klöster zerfällt in zwei Teile: in A n d a c h t s-ü b u n g e n, die auf gewisse Stunden des Tages verteilt und festgesetzt sind, und in die M e s s e. Auch gehört hierher das tägliche K a p i t e l, das L e s e n d e r h e i l i g e n S c h r i f t, sowie die Betrachtung der verschiedenen zum Gottesdienst notwendigen und gebrauchten Geräte.

Die A n d a c h t s ü b u n g e n (Offizien) zerfallen wiederum in zwei Teile, in solche, die bei Tag, und solche, die bei der Nacht gepflogen wurden. Die nächtlichen Offizien kannte man unter dem Namen der V i g i l i e n oder N o c t u r n o s. Die „Horen" des Tages umfassten sieben Teile: 1. die L a u d e s, eine Reihe von Psalmen, welche sich besonders mit dem Lobpreise Gottes beschäftigen, 2. die P r i m oder erste Stunde, um 6 Uhr morgens, das eigentliche Morgengebet, 3. die T e r z oder dritte Stunde, um 9 Uhr morgens, 4. die S e x t oder sechste Stunde, um 12 Uhr mittags, 5. die N o n oder neunte Stunde, um 3 Uhr nachmittags, 6. die V e s p e r, das Abendgebet bei Sonnenuntergang und 7. die K o m p l e t beim Eintritt der Nacht unmittelbar vor dem Zubettegehen. Da man nach der Regel S. Benedikts und der ersten Cistercienser den Lauf der Sonne als Massstab der Ansetzung der Horen oder Stundengebete annahm, so entstanden darin natürlich während der verschiedenen Jahreszeiten bedeutende Abweichungen und Verschiedenheiten. Zur Zeit der Tag- und Nachtgleiche sang man die Laudes um 5 Uhr morgens, die übrigen Horen zu den oben angegebenen Stunden. Der Beginn der Vigilien schwankte ebenfalls nach der Jahreszeit. Nach der Regel des hl. Benedikt sollte man sich um die 8. Stunde der Nacht erheben, um sie zu singen, vom November bis Ostern also um 2—2$^1/_2$ Uhr; in der übrigen Zeit sollten sie so früh stattfinden, dass sie vor Tagesanbruch beendet seien. Im Sommer war also die Ruhe der Mönche sehr karg bemessen; doch wurde ihnen dafür eine mittägliche Ruhepause gegönnt. Diese Härte wurde im 13. Jahrhundert etwas gemildert; die „Älteren Definitionen" bestimmen, dass von Ostern bis Kreuzeserhöhung nur das erste Nocturno, d. h. das erste Drittel der Vigilien vor Tagesanbruch beendet sein müsse, was die Ruhezeit etwas verlängerte. Erst 1429 wurde die Zeit des Aufstehens präzisiert; das Zeichen zum Absingen der Vigilien sollte während des ganzen Jahres an gewöhnlichen Tagen um 2 Uhr, an Sonn- und Festtagen um 1 Uhr gegeben werden*).

Die Laienbrüder, die angestrengter als die Mönche arbeiteten, durften länger schlafen; vom 13. September bis Gründonnerstag erhoben sie sich erst, wenn man den letzten Psalm des ersten Nocturnos anhob, von Ostern bis 13. September beim Beginn des Laudes, nur an den Tagen, wo Mittagspause war, erhoben sie sich zu gleicher Zeit, wie im Winter. An arbeitsfreien Tagen, d. h. an den Sonntagen und bei gewissen Festen, mussten sie gleichzeitig mit den Mönchen aufstehen. Die Laienbrüder wurden nicht so streng zum Gebet angehalten wie die Mönche, wie sie auch keiner Bücher bedienten; sie ersetzten die Psalmen durch so und soviele Paternoster. Bei den Vigilien sagten sie nach den Versen Deus in adjutorium etc. etc., Domine labia etc. etc.**) 20 Paternoster und ebensoviele Gloria patri auf. Die Laienbrüder lagen ihren Gebetsübungen auch nicht immer in der Kirche ob; standen sie beim letzten Psalm des 1. Nocturnos auf, so wohnten sie dem Reste der Vigilie an und begaben sich dann an ihre Arbeit; erhoben sie sich bei Beginn der Laudes, so verliessen

---

*) Richard Löwenherz wurde auf der Meerfahrt nach Palästina eines Abends von einem Sturm überfallen, der seine Schiffe an den Rand des Verderbens brachte; da seufzte der Held: „Wann wird doch die Stunde kommen, zu der die „grauen Mönche" (d. i. die Cistercienser) sich zum Preise Gottes erheben?! Ich habe ihnen soviel Gutes erwiesen, dass sie beim Aufstehen für mich beten werden, und Gott wird uns zu retten trachten". Und siehe! in der 8. Stunde der Nacht, in der die Mönche sich erheben, beruhigte sich das Meer, und Stille folgte dem Sturme. Vgl. Caesarius von Heisterbach, Dialog. Miracul. Dist. X. c. 46.

**) Deus, in adjutorium meum intende; Domine ad adjuvandum me festina, 38. Psalm. — Domine, labia mea aperies et os meum annunciabit laudem tuam, 51. Psalm.

sie das Haus erst nach Beendigung der Prim und kehrten erst zur Komplet wieder in die Kirche zurück. Diese Anordnungen beziehen sich nur auf die Klosterinsassen. Wer von den Laienbrüdern auf den Meierhöfen der Abtei hauste, war anderen Bestimmungen unterworfen, worauf wir an einer anderen Stelle zurückkommen werden.

Gehen wir zur M e s s e über. Abgesehen von den Privatmessen der Mönche, die Priester waren, fand täglich eine gemeinsame Messe statt; an Sonn- und Festtagen fanden zwei statt, eine F r ü h m e s s e und ein H o c h a m t. Die Frühmesse der Sonntage und die gemeinsame Messe der gewöhnlichen Tage wurden am Ende der Prim abgehalten; ihnen folgte dann das „tägliche Kapitel". Nur während der Erntezeit war das Kapitel vor der Prim, da an ihm alle Mönche teilnehmen mussten und nach seiner Beendigung die meisten derselben zur Feldarbeit das Haus verliessen. Die Messe wurde dann in ihrer Abwesenheit gelesen, wenn sie nicht der Abt oder Prior — ihre Gegenwart auf dem Felde für entbehrlich haltend, bis zum Ende derselben im Hause zurückhielt. In der Regel dagegen verliessen sie während dieser Zeit alle, selbst die Priester nicht ausgenommen, das Kloster vor der gemeinsamen Messe und ohne ihre gewöhnliche stille Messe gelesen zu haben. Erst als 1239 Graf Thomas von Flandern der Abtei Clairvaux 30 flandrische Pfund schenkte unter der Bedingung, dass auch während der Ernte die Priestermönche ihre Privatmessen lesen und die übrigen Mönche der gemeinsamen Messe anwohnen sollten, hörte in Clairvaux jene Gepflogenheit auf.

Die zweite Messe des Sonntags, das Hochamt (missa solemnis), fand nach der Terz statt. Es wurde nur an Tagen gefeiert, an welchen den Mönchen die Arbeit untersagt war, d. h. gegen Ende des 13. Jahrhunderts an den Festen der Jungfrau Maria und an 53 anderen Festtagen. Am Anfang des 12. Jahrhunderts war die Zahl der Feste etwas geringer. Was die Laienbrüder anlangt, so feierten sie ausser an den Festen der Jungfrau und den Sonntagen nur an 24 Tagen und wohnten alsdann auch dem Hochamt bei.

Die Mönche k o m m u n i z i e r t e n in der Regel und, wenn der Abt nicht anders bestimmte, j e d e n M o n a t e i n m a l. Diese monatliche Kommunion fand gewöhnlich an einem Sonn- oder Festtag statt. Die L a i e n b r ü d e r kommunizierten n u r s i e b e n m a l i m J a h r e: an Weihnachten, an Mariä Reinigung, am Gründonnerstag, an Ostern, Pfingsten, Mariä Geburt und Allerheiligen. Das hl. Abendmahl fand unter b e i d e r l e i Gestalt statt bis 1261. In diesem Jahre untersagt das Generalkapitel allen Mönchen und Brüdern den Kelch und erlaubt ihn nur den „Altardienern", d. h. nicht allein dem Priester, sondern allen, die an der Zelebrierung der Messe beteiligt sind. Diese Vorschrift ist in den „Alten Definitionen" des Cistercienserordens von 1289 wiederholt. Erst 1437 wurde das Recht des Kelchs auf den zelebrierenden Priester allein beschränkt. —

Auf die Frühmesse folgte gewöhnlich das **Mönchskapitel***). S. Benedikt schreibt vor: „Sobald ein Mönch einen Fehler gemacht, irgend gegen die Ordensregel verstossen, etwas zerbrochen oder verloren, kurz, sich irgend etwas hat zu schulden kommen lassen, soll er sich sofort vor dem Abt oder der Gemeinde anklagen." Die geheimen Sünden gegen das Sittengesetz waren in dieser Vorschrift nicht mitinbegriffen, für sie war die Ohrenbeichte da. Versäumte ein Mönch die Selbstanklage wegen solcher Fehler, für die sie obligatorisch war, so sollten seine Brüder ihn anzeigen, und dann wurde die Strafe verschärft. Diese Selbstanzeige fand im „Kapitel" statt. Im Cistercienserorden war es — abgesehen von Verhinderungsfällen — der Abt, der das Kapitel leitete. Man begann mit einem stehend verrichteten Gebet, dann setzte man sich, der Vorleser las einen Abschnitt der Regel S. Benedikts vor, worauf der Abt das Wort ergriff und das eben Gehörte erklärte. Darauf folgten die Selbstanklagen derer, die sich verfehlt; im Kapitel wurden ferner die Namen der „Wöchner" für die folgende Woche bekannt gegeben, ebenso die sog. „Totenrollen" vorgelesen.

An Festtagen war die Unterweisung des Abts eingehender, feierlicher, nahm den Charakter der Predigt an. Nach alter Cistercienser Gepflogenheit sollte gepredigt werden: am 1. Adventsonntag, an Weihnachten, Epiphanias, am Palmsonntag, an Ostern, Himmelfahrt, Pfingsten, Trinitatis, an allen Festen der Jungfrau Maria, an Peter und Paul, am S. Benedikts- und S. Bernhardstage, an Allerheiligen und am Kirchweihfeste. Wurde das Fest verlegt, so fiel indes die Predigt aus. Später ward das Trinitatisfest von dieser Liste gestrichen „wegen der Schwierigkeit des Predigtstoffes" (propter difficultatem materiae). Die Predigt war nur für die Mitglieder des Ordens bestimmt. Fremde, die sich in der Abtei aufhielten, konnten

---

*) Bischof Chrodegang von Metz hatte 760 zur Besserung der verwilderten Geistlichkeit eine Lebensregel, einen Kanon aufgestellt. Dieser Kanon verpflichtete sie, sich nach der Morgenandacht vor dem Bischof oder dessen Stellvertreter zu versammeln, der ihnen ein Kapitel der Bibel, besonders aus dem 3. Buche Moses — Leviticus genannt — vorlas, das religiöse Gesetze, namentlich für Priester und Leviten, enthält, woran er dann die nötigen Rügen und Ermahnungen knüpfte. Hiernach wurde später ein Saal, wo dies geschah, „Kapitelsaal" genannt, und es erklären sich so auch die Ausdrücke: „die Leviten lesen, das Kapitel lesen, oder abkapiteln, den Text lesen".

sie in der Regel nicht hören, da der Zutritt zum Kapitel, wo allein gepredigt wurde, ihnen versagt war. Manchmal fanden indes Ausnahmen statt, z. B. bei einem Bischof oder Abt oder auch bei hochgestellten Laien, Adeligen, Königen.

Die Laienbrüder hatten nur alle Sonntage am Ende der Frühmesse Kapitel, dessen Ordnung wohl dem Mönchskapitel gleichen mochte. Selbstanklagen und Predigt, die wohl auch nur an bestimmten Tagen stattfand, machten seinen Hauptinhalt aus. War im Mönchskapitel Predigt, so begaben sich auch die Laienbrüder dahin *).

Ausser dieser Frühversammlung im Kapitel hatten die Mönche noch eine Versammlung des Abends vor der Komplet. Sie entspricht etwa dem, was man heute in religiösen Gemeinschaften „Bibelstunden" zu nennen pflegt; die Mönche nannten sie „Kollation", weil hauptsächlich die Collationes oder Vitae patrum von Johannes Cassianus gelesen wurden. Gegenstand der Lektüre mussten Werke religiösen Inhalts sein; ihre Lektüre sollte zur Unterweisung und Erbauung dienen. Der Abt musste dieser Versammlung präsidieren. In Clairvaux scheint zu diesem Zweck ein besonderer Saal mit einem „Armarium", das die gewöhnlich gelesenen Bücher enthielt, vorhanden gewesen zu sein.

Die Cistercienser-Mönche sollten in der Regel den Gottesdienst nur in ihrer Klosterkirche feiern. Es war ihnen verboten, eine Pfarrei zu leiten oder zu verwesen, Seelsorge zu treiben oder ihr Kloster zu verlassen, um ein Kirchenamt zu übernehmen. War indes an ein Kloster vor seinem Anschluss an den Cistercienserorden eine Pfarrei angeschlossen, so konnte der Status quo ante aufrecht erhalten bleiben.

Die **gottesdienstlichen Zeremonien** trugen das Gepräge erhabener Einfachheit, die einen schreienden Kontrast zu dem in den

---

*) Es mochte diesen armen Brüdern wohl schwer ankommen, sich an solchen Tagen noch früher als gewöhnlich zu erheben und dem Prediger aufmerksam zu folgen. Als einst bei einer Predigt des Abts Gerhard im Kapitel von St. Petersthal (Heisterbach) viele Brüder schliefen, einige sogar schnarchten, da erhob er seine Stimme und sagte: „Hört, liebe Brüder, vernehmt eine wichtige und sonderbare Sache: Es war einmal ein König, der hiess Arthur . . ." Dann wartete er einen Augenblick, um fortzufahren: „Seht ihr, liebe Brüder, wie gross euer Elend ist! Als ich von Gott sprach, schlieft ihr; ich mache einen Scherz, und sofort erwacht ihr und spitzt die Ohren!" Caesarius von Heisterbach erzählt dies als Augenzeuge in s. Dialog. Miracul. Dist. IV. cap. 36 apud Biblioth. patrum Cisterc. II. 93. — Über Caesarius von Heisterbach vgl. Schädel, Prof. Dr. Ludw., **Deutsches Klosterleben im 13. Jahrhundert nach Caesarius von Heisterbach.** B. XVII. Heft 1 der „Zeitfragen des christlichen Volkslebens". Stuttgart, Chr. Belser, 1892.

Kathedralen zur Schau getragenen Pomp bildete; auch in Kirchen der Benediktiner, ja, in einzelnen einfachen Pfarrkirchen fand sich diese Prachtentfaltung. Man sang einstimmig, Abweichungen waren verpönt. Es hat den Anschein, als ob man in den ersten Cistercienserklöstern die Orgel nicht erlaubt hätte, da es noch im 15. Jahrhundert in einem Fälle einer besonderen Ermächtigung des Generalkapitels bedurfte. Marmorne oder Mosaikböden waren ebenfalls verboten, und als im Jahre 1235 der Abt von Gard an der Somme das Gebot übertrat, wurde er dazu verurteilt, den Boden zu vernichten. Der alte Brauch in Citeaux litt keine gemalten Kirchenfenster. Im Jahre 1182 setzte das Generalkapitel eine Frist von zwei Jahren fest, binnen welcher alle farbigen Fenster, die der Verordnung zuwider sich allmählich eingeschlichen, vernichtet werden sollten. Nur die zum Cistercienserorden übergetretenen Benediktinerabteien durften sie behalten. Die Statuten des Generalkapitels verpönen als überflüssig jede Malerei und Bildhauerei, abgesehen vom Kreuz; 1213 erlaubt das Generalkapitel als einziges Bild das des Herrn. Als 1240 das Generalkapitel erfuhr, dass man in einigen Abteien Altarbilder*) aufgestellt, gebot es, dieselben zu entfernen, indem es alle Freunde der Malerei ermächtigte, ihre Altäre weiss anzustreichen. Trotz dieses ausdrücklichen Verbots erkühnte sich der Abt von Royaumont an der Oise, einen bilder- und statuengeschmückten Altar mit Nischen und Säulen zu errichten; doch man gebot ihm, binnen eines Monats alles zu vernichten, wolle er nicht, dass ihm und dem Prior bis zur Ausführung des Befehls der Wein entzogen werde. Das Generalkapitel trieb seine Abneigung gegen jede Malerei soweit, dass es mit der 1157 erteilten Erlaubnis, die Kirchentüren weiss anzustreichen, eine grosse Nachsicht geübt zu haben wähnte. Danach begreift man leicht, dass Papst Innocenz II. (1130—1143) bei seinem Besuche in Clairvaux 1131 nur vier nackte Wände in der Kirche zu sehen bekam. In grossem Massstabe versilberte oder vergoldete Kruzifixe werden durch das Generalkapitel 1157 verboten. Im Anfang war Mönchen und Äbten auch bei den grössten Feierlichkeiten das Tragen seidener Gewänder untersagt. Doch allmählich nahm diese Strenge ab. Im Jahre 1152 wurde den Äbten erlaubt, bei der Segnung seidene Chormäntel (cappae) zu tragen. Ein Statut aus dem Jahre 1183 verbietet indes Mönchen und Äbten, reinseidene Messkleider (casublae) zu tragen. Noch im 18. Jahrhundert zeigte man eine Casubla des hl. Bernhard aus Baumwolle. Im Jahre 1226

---

*) Diese Bilder waren nach Caesarius von Heisterbach von einem Benediktinermönch gemalt, der sehr geschätzt war und die Bilder ohne Entgelt bloss gegen Erstattung der Auslagen fertigte. Vgl. Caesarius loc. cit. Dist. VIII. cap. 24.

wurde für geschenkte casublae eine Ausnahme gemacht, was für freigebige Wohltäter von Wichtigkeit war, und 1256 auch erlaubt, an den hohen Kirchenfesten die Altäre mit reinseidenen Stoffen auszuschlagen. Im Jahre 1257 erlangen die Äbte die päpstliche Erlaubnis, an allen Festen, an denen Prozessionen stattfinden, jedesmal wenn sie Hirtenstab und weisse Gewänder tragen, auch die Cappa anzulegen; ebenso bei der Einsegnung der Novizen. Im Jahre 1157 noch war den Mönchen, selbst wenn sie einem Bischof bei der Messe in einer Ordenskirche ministrierten, die Cappa verboten; 1257 dürfen sie beim Dienst der Messe eines gewöhnlichen Abts Tunika und Dalmatika tragen. Die Casublae mussten einfarbig, ohne Vergoldung oder Stickerei sein *).

Die Beleuchtung war von einer Einfachheit, die den Spott herausfordern würde, bedächte man nicht die Motive, die dieser Einfachheit zugrunde liegen. Der alte Cistercienserbrauch verbietet mehr als 5 Lampen in der Kirche, wovon 3 im Chor der Mönche: am Eingang, in der Mitte und im Hintergrunde. Sie sollten bei der Messe und an Festen auch bei der Vesper angezündet werden, wenn morgens im Kapitel Predigt gewesen; natürlich waren sie bei Absingung der Vigilien nötig. Die beiden anderen Lampen waren für die Laienbrüder und Fremden bestimmt. Nur in einem Falle waren mehr Lampen zugelassen: wenn die Privatmessen vor Tagesanbruch fielen; alsdann hatte jeder einzelne zelebrierende Priester eine. Man sieht, dass die Beleuchtung auf das äusserst notwendige Mass beschränkt war; indes erlaubte das Generalkapitel vermögenden Abteien eine „ewige Lampe". Im Jahre 1220 verlangt und erhält der Abt von Clairvaux vom Generalkapitel die Erlaubnis, vor den Reliquien des hl. Bernhard eine Kerze zu brennen. Noch im Jahre 1240 wird das Verbot, am Altar eines Heiligen etwa an seinem Festtage eine Kerze anzuzünden, aufrecht erhalten. Lampen und Leuchter allein sind erlaubt. Gleichzeitig bestimmen dieselben Institutionen des Generalkapitels, dass an den Tagen, an welchen im Kapitel Predigt

---

*) Zu den Namen der Kirchengewänder sei noch folgendes bemerkt. Cappa (franz. chape) ist ein kirchliches Kleidungsstück, das jetzt Pluviale, Chormantel, Vespermantel genannt wird; dann heisst's auch soviel wie Mönchskleid, Mönchsmantel, wie ihn jetzt noch die Novizen und Laienbrüder bei den Cisterciensern in der Kirche tragen. Die Cappa, ursprünglich Kleid der Laien, ein vornen offener, ärmelloser Mantel, Regenmantel, wie ihn Damen jetzt noch tragen (Rad-, Staubmantel) war mit einer Kapuze versehen. — Casula, Casubla (franz. chasuble) bedeutet in der Kirchensprache ein Messgewand, Messkleid. — Dalmatica und Tunica bezeichnen in der Kirchensprache das Kleid, welches Diakon und Subdiakon bei der Feier der hl. Messe tragen, Tunica bedeutet in der Mönchskleidung soviel wie Habit.

— 15 —

sei, bei der Messe am Altar zwei Kerzen brennen dürfen, ohne die Wandleuchter zur Rechten und Linken; die „ewige Lampe" wird obligatorisch, während sie vorher fakultativ war. Die Zeitströmung verlangte Vermehrung des Beleuchtungsapparates; das Generalkapitel widersetzt sich dem durch ein 1270 erlassenes Statut. Zahlreiche Stiftungen*) zu Beleuchtungszwecken ermutigten jedoch die Mönche, diesen Vorschriften zuwider zu handeln, und so wurden dieselben ganz illusorisch.

Die strengen Bestimmungen des Cistercienserordens erstreckten sich sogar auf die Bauart der Kirchen, um zu verhüten, dass dieselben in ihrer Einfachheit und Schmucklosigkeit einen zu erhabenen Anblick darböten. Steinerne Türme sind verboten, an ihre Stelle treten Holztürme, die nicht allzu hoch sein sollten. Sie erhoben sich in der Regel als „Dachreiter" über der Vierung. Die Glocken sollten nicht über 5 Zentner wiegen; jedenfalls sollte ein Mann imstande sein, sie zu läuten. Ihrer Zahl waren in der Regel zwei, eine grosse und eine kleine.

Die Abtei Clairvaux hatte von ihrer Gründung bis 1789 nacheinander 4 Kirchen; die drei ersten waren im 12., die vierte im 18. Jahrhundert erbaut. Die erste Kirche muss bei der Gründung errichtet worden sein, also 1114 oder 1115, wie ja die Klosterchronisten über das Gründungsjahr nicht einig sind. Sie hatte drei Altäre; der Hochaltar war der heiligen Jungfrau, die Seitenaltäre den Heiligen Laurentius und Benedikt geweiht. Sie lag wie auch das Kloster 2000 m westlich von der Stelle, wo das jetzige Gefängnis**) steht, auf der waldigen Anhöhe, die die Anstalt überragt. Im Jahre 1135 verlegte Abt Bernhard seine Abtei mehr in den Talgrund der Aube, wo der Boden ebener und mehr zum Anbau geeignet war. Dieses zweite Kloster, das in die westliche Hälfte der Umfriedigung des heutigen Gefängnisses fiel, bestand bis zum 18. Jahrhundert, doch

---

*) Phil. von Chalette übernahm 1202 für sich und seine Erben die jährliche Lieferung einer Kerze zum St. Bernhardstag. Sein Neffe und Erbe Garnier erkannte 1215 diese Abgabe an. — 1227 machte Constance de Villars für Clairvaux die gleiche Stiftung. — 1216 verschrieb Guichard de Beaujeu der Abtei eine ewige Rente von 100 Sous zum Ankauf von Öl für die Kirchenlampen. — 1222 stiftete Thibaut IV., Graf von Champagne, eine ewige Rente von 18 provençalischen Pfunden, dafür mussten die Privatmessen bei brennenden Kerzen gelesen werden; ferner verschrieb derselbe 40 Sous zum Unterhalt einer ewigen Lampe im Beinhaus, wo die zu Clairvaux verstorbenen Gläubigen beigesetzt waren. — Gegen Ende des 13. Jahrhunderts verschrieb Robert Bruce der Abtei Clairvaux ein Gut in Schottland zum Unterhalt der Lampe über dem Grab des hl. Malachias. —

**) Clairvaux dient jetzt dem Strafvollzug und ist Zentralgefängnis. —

war es von den Mönchen zu jener Zeit schon längst verlassen, die 240 m weiter östlich ein drittes Kloster erbaut hatten, die jetzige Strafanstalt. Die Kirche des zweiten Klosters war ein Quadrat von 16 m Seiten-, also 256 qm Grundfläche; da wundert man sich denn nicht, wenn man liest, dass 100 Novizen genügten, den Chor zu füllen. Sie hatte 9 Altäre, wovon 1708 noch der Hauptaltar und die zwei an der östlichen Mauer bestanden.

Schon beim Tode St. Bernhards († 1153) sah man die Unzulänglichkeit der ersten Kirche ein. Der Mönch Laurentius erhielt, vom Prior, welcher nach dem Tode des hl. Stifters die Abtei ververweste, nach Sizilien geschickt, von König Wilhelm I. eine beträchtliche Summe zum Bau einer neuen Basilika (1154), die 1174 feierlich eingeweiht wurde. Im Jahre 1178 gewährte Heinrich II. von England die nötigen Mittel, sie in Blei zu decken, wofür ihm der Abt von Clairvaux als Gegenleistung einen Finger des hl. Bernhard gab. Die zweite Kirche, die noch am Anfang des 18. Jahrhunderts existierte, hatte 3 Lang-Schiffe, ein von Kapellen umgebenes Querschiff und eine gleichfalls von 9 Kapellen eingesäumte halbkreisförmige Apsis*). Ein hölzerner Dachreiter erhob sich über der Vierung. Die Länge der Kirche betrug 106 m, die Breite des Querschiffs 54 m, des Langschiffs 25 m. Ursprünglich umfasste der Plan ein dreifaches Schiff mit elf Jochspannungen und endete im Westen mit einer Vorhalle, ähnlich dem Narthex der lateinischen Basiliken. Der wenig tiefe Chor, welcher nur eine Verlängerung des Hauptschiffes war, bestand aus einer, durch drei Fenster durchbrochenen Abrundung. Das ist eine Eigentümlichkeit des ursprünglichen Cistercienserstils. Das 54 m breite Querschiff enthält acht viereckige Kapellen, von denen je zwei sich in jedem Arm des Querschiffes gegenüberstanden und deren Altäre nach Osten gerichtet waren. Auf diese Weise erklärt man sich leicht, dass die zweite Kirche, welche die Geschichtsschreiber der folgenden Jahrhunderte das Oratorium genannt haben, neun Altäre, einen in jeder Kapelle und den Hauptaltar in dem Heiligtume besass.

Keine architektonische Ausschmückung milderte im Inneren oder Äusseren den ernsten Charakter des Gebäudes. Bildliche Darstellungen waren unerbittlich daraus verbannt. Die Seele Bernhards war zu sehr in sich selbst gesammelt, um zu begreifen, dass eine Gallerie von Bildsäulen dazu dienen könne, die Frömmigkeit eines Mönchs zu nähren. Um so mehr missbilligte er am heiligen Orte die Gegenwart

---

*) Der Chor war zuerst viereckig; die halbkreisförmigen Apsiden erscheinen in der Cistercienserbaukunst erst nach dem viereckigen Abschlusse —

jener grotesken Ungeheuer, welche als Hängezierat unter den Füssen der Heiligen niederkauern und an allen Ecken als chimärische Mundstücke hervorragen und durch die Schnörkel der Kapitäler und Friese Fratzen schneiden. Kaum zeigt sich an den Kapitälern rohes Blätterwerk oder Laubverzierung, wie zu Fontenay. Man bemerkt nur die grossen Linien des Baudenkmals, und der Blick haftet kalt auf den langen nackten Wänden. Malerei und Farben sind gleichfalls ausgeschlossen. Keine Gemälde in den schmalen Fenstern; die Sonne darf ihr Farbenbild nicht auf die Wände werfen; sie darf das Auge des Cönobiten nicht anziehen und ihn im Gebete zerstrenen. Der Cisterciensertempel ist wesentlich ein Ort der inneren Sammlung.

Diese Kirche zählte im ganzen 32 Altäre. Im Zentrum der Apsis befand sich der Hochaltar und hinter ihm, an die Stützpfeiler der Apsis sich anlehnend, drei Altäre über dem Grabe des hl. Bernhard, über den Reliquien der hl. Märtyrer Eutropius, Zosimus und Bonosius und über dem Grabe des hl. Malachias. Neun Kapellen umsäumten die Apsis; jede barg einen Altar. Sie waren folgenden Heiligen geweiht:

I. den vier Evangelisten; II. den Aposteln Philippus, Jakobus, Matthäus und Barnabas; III. den Aposteln Andreas, Thomas, Simon und Judas; IV. den Aposteln Petrus, Paulus, Jakobus, Sohn des Zebedäus, und Bartholomäus; V. Jesu und seiner Mutter; er befand sich, wie der Hauptaltar und der Altar des hl. Bernhard in der Längsachse der Kirche; VI. Johannes dem Täufer; VII. den hl. Stephan, Fabian, Sebastian und Ignatius, den Märtyrern; VIII. den hl. Märtyrern Laurentius, Vincenz und Clemens, den Päpsten, und IX. den hl. Märtyrern Didier (Bischof), Mammeus, Dionysius und Mauritius.

Im rechten Querschiff befanden sich vier Altäre, die geweiht waren: a) der hl. Anna, b) dem hl. Benedikt und dem hl. Robert, den Bekennern, dem hl. Bischof Remigius, c) den hl. Märtyrern Georg, Mauritius und ihren Genossen, dem hl. Bekenner Arsenius; d) dem hl. Erzengel Michael und allen hl. Engeln.

Im linken Querschiff waren „fünf*) Altäre", die geweiht waren: e) allen Heiligen, f) den hl. Martinus und Julianus, den Bekennern, g) den hl. Margaretha, Felizitas, Maria Magdalena und Maria in Ägypten, h) den vier Doktoren der Kirche (Ambrosius, Augustinus, Hieronymus und Gregor); i) dem hl. Bekenner Eloi, Bischof von Noyon, Ludwig von Frankreich und Yves.

Im Langschiff waren zehn Altäre aufgestellt; sie lehnten sich wahrscheinlich an die Pfeiler an, die den ganzen Bau trugen, und

---

*) Ob nicht hier der Hochaltar nochmals mitgezählt ist?

waren geweiht: 1. dem hl. Dionysius und seinen Genossen; 2. den beiden hl. Thomas, Märtyrer und Bischof, und dem hl. Bischof Martialis; 3. den Heiligen Edmund, Wilhelm, Maklon und dem hl. Bischof Johannes Chrysostomus; 4. den hl. Bekennern Antonius, Paulus und Fiacrius und allen hl. Einsiedlern; 5. dem hl. Bischof Nicolaus von Myra, dem hl. Petrus, Bischof von Tarentaise, der hl. Jungfrau und Märtyrerin Katharina; 6. dem hl. Kreuze; 7. der hl. Dreifaltigkeit und der hl. Jungfrau Maria; 8. den Heiligen des Namens Innocenz; 9. den hl. Jungfrauen Agathe, Lucia, Prisca und Anastasia und 10. den hl. Jungfrauen und Märtyrerinnen Agnes, Petronilla und Scholastika.

Die Mönche von Clairvaux hatten entsprechend den „alten Verordnungen des Cistercienserordens" sogenannte Klappstühle, „Misericordien", auf denen man in halbstehender Stellung sitzen konnte. Die zweite Kirche von Clairvaux hatte deren 815; 144 sogen. „Priesterstühle", den angesehenen und „braven" Mönchen bestimmt, und 33 für die übrigen Mönche, in Summa 177 im östlichen Teil der Kirche gegenüber dem Hauptaltar, die Priesterstühle weiter im Vordergrund und dem Altar näher, die anderen weiter zurück. In der Nähe des Portals im Westen waren die 351 Stühle der Laienbrüder; 287 Stühle, zweifelsohne für Novizen und Fremde, füllten den die beiden ersten Kategorien trennenden Raum aus.

Da man befürchtete, dass Monumente und Grabsteine in den Kirchen den Besuchern Anlass zur Zerstreuung gäben, und durch Erweckung weltlicher Gedanken Manche von ihrem wahren Ziele abzögen, so verbannte das Generalkapitel diese, sowie einen grossen Teil der Seelenmessen und die Feier von Gedenktagen aus den Ordensklöstern. Seelenmessen wurden nur 16 gelesen, und zwar 4 in speciali, die übrigen summarisch. Die ersteren waren die für den Papst Honorius III. (1216—1227), die Könige Philipp August und Ludwig VIII., sowie für Richard Löwenherz. Dementsprechend weist das Verzeichnis der gestifteten Seelenmessen nur wenige Nummern auf. Nach demselben Prinzip durften in den Klosterkirchen nur Könige und Königinnen und Kirchenfürsten begraben werden. In Clairvaux lagen 4 Kardinäle, 15 Bischöfe und Erzbischöfe und 2 Königinnen von Navarra. Die Körper der Heiligen Zosimus, Eutropius und Bonosius, die 1225 durch den Kardinalbischof von Porto, Conrad, einen ehemaligen Abt von Clairvaux, aus Italien nach Clairvaux gesandt worden waren, figurierten als Reliquien, ebenso die Leichenreste von 4 der 11000 Jungfrauen und der hl. Aleth, der Mutter des hl. Bernhard. Die Äbte des Cistercienserordens wurden in den meisten Abteien gewöhnlich an der Südseite der Kirche im Kloster beigesetzt; die übrigen Verstorbenen wurden auf dem Kirchhof der Abtei beerdigt. Hinter der Apsis lag der Friedhof für fremde Äbte; in Clairvaux lagen hier auch der Vater und die Brüder des hl. Bernhard begraben. Der Laienfriedhof erstreckte sich in Clairvaux längs des nördlichen Seitenschiffes; ein Säulengang, der Kirche parallel, überdeckte ihn. Hier ruhten die Leiber verstorbener Adeliger; jenseits desselben, gegen Norden zu, lag der Friedhof der Mönche. Auf ihm fand man stets ein angefangenes und ein zur Hälfte vollendetes Grab neben dem zuletzt Beerdigten, „damit", so sagt Martène, „dies Bild die Erinnerung an den Tod stets wach erhalte und die Brüder durch diese Erinnerung in der Erfüllung ihrer Pflicht bestärke". Anfangs war die Satzung der Cistercienser so streng, dass Philipp von Elsass, Graf von Flandern, und seine Gemahlin nicht im Kloster beigesetzt wurden, obwohl Philipp dreimal in Palästina war und das letzte Mal bei der Belagerung Akko's fiel; man baute ihnen eine Kapelle beim Friedhof für die fremden Äbte. Diese Kapelle teilte das Los der übrigen Gebäulichkeiten, doch war sie berühmt im Cistercienserorden, da in der gewölbten Krypta die Gebeine der Brüder ruhten, die zur Zeit S. Bernhards gelebt. Man verehrt sie als Heilige; denn der „gebenedeite" Abt hatte eine Offenbarung, dass alle Genossen, die damals in Clairvaux lebten, das ewige Leben hätten. Vor der Krypta standen die Verse:

Hic jacet in cavea Bernardi prima propago;
Cuius mens superas possidet alta domos.
Hic locus est sanctus, venerans insignia tanta,
Supplex intrato, cerne, nec ossa rape!
Und:
Quae vallem hanc coluit Bernardi prima propago
Hic jacet. Huc intrans, si rapis ossa, peris!

Deutsch etwa:
(Hier ruht nun in der Gruft Sankt Bernhards erste Gefolgschaft;
Sein erhabener Geist thront jetzt im Himmel gar hoch.
Hier ist heiliger Boden; verehre so hohe Verdienste;
Demütig betend tritt ein, schone der Toten Gebein!
Und:
Hier ruht Bernhards Gefolgschaft, die einst gerodet im Tale;
Raubst du der Toten Gebein, dann jähen Todes du stirbst!) —

Gehen wir zur körperlichen Arbeit der Cistercienser über.

Ein Kapitel der Regel des hl. Benedikt ist der täglichen Arbeit gewidmet: de opere manuum quotidiano. Sie sollte täglich zirka 7 Stunden umfassen. Die Sonn- und Festtage waren freigegeben. — Die Arbeit selbst konnte bestehen und bestand auch für gewisse Mönche im Abschreiben von Büchern. Doch würde man mit der Annahme, die Benediktiner hätten zeitlebens Kopialbücher gefertigt, sehr irren. S. Benedikt sieht Fälle vor, wo sie auch zu Feldarbeiten heranzuziehen sind: „Wenn die örtliche Notwendigkeit oder die Armut es erheischt, dass die Brüder sich persönlich mit dem Einsammeln der Früchte der Erde befassen müssen, so soll sie dies nicht traurig stimmen; denn sie leben von ihrer Hände Arbeit, wie unsere Väter und die Apostel; so erst sind sie wahre Mönche. Doch tue der Abt alles mit Mass und Ziel, um nicht die Kleinmütigen zu entmutigen". Da überdies das Gesetz herrschte, dass die Mönche alle Lebensbedürfnisse im Kloster finden sollten, so mussten die einzelnen zur Kleidung und Nahrung nötigen Gewerbe im Innern der Klöster selbst betrieben werden, sei es durch die Brüder, sei es durch Leibeigene oder Knechte; jedenfalls mussten die Mönche ihre Kleider selbst im Stand halten, auch trug jeder Mönch zu dem Ende stets eine Nadel bei sich. Auch ihre Fussbekleidung mussten sie selbst besorgen. Die Satzungen sehen die einzelnen Zwecke vor, für die sie ein geheiztes Zimmer betreten durften; ausdrücklich wird darunter erwähnt, dass sie es betreten durften, um ihre Schuhe zu schmieren. Selbst der hl. Bernhard unterzog sich persönlich dieser niederen Arbeit; er wurde bei einer solchen Gelegenheit vom Teufel versucht und bestand glänzend die Probe. Der Reihe nach versahen die Mönche auch die Küche. Papst Eugen III. spricht von dieser Gepflogenheit, indem er Ludwig II. von Frankreich schreibt: „Dein Bruder Heinrich, den seine königliche Abstammung hoch über alle anderen Sterblichen erhebt, ist Mönch geworden und spült Schüsseln in der Klosterküche von Clairvaux".

Bei den Cisterciensern wurde indes die meiste Arbeit für Bekleidung und Nahrung durch Laienbrüder verrichtet. Die Mönche beschäftigten sich nur mit Feldarbeit, ohne jedoch allein zu arbeiten, die Laienbrüder, Oblaten und gedingten Knechte teilten sich mit den Mönchen in diese Arbeit. Die durch Laienbrüder verrichteten Handwerke waren in den Cistercienserklöstern ziemlich zahlreich; es gab Maurer, Fischer, Weber, Schuster, Gerber, Bäcker, Walker und Schmiede.

Die Satzungen des Cistercienserordens liessen gedingte Knechte nur in beschränktem Masse zu. Der Dienst in der Küche und im Siechenhause musste z. B. ausschliesslich durch Brüder verrichtet werden, abgesehen von dem Fall, dass ihrer zu wenig gewesen wären. In der Regel verwendete man gedingte Arbeiter nur ausserhalb der Klöster bei Bauten und Feldarbeiten. Als im Jahre 1135 die Abtei Clairvaux verlegt wurde und in kurzer Zeit die neuen Gebäude errichtet werden mussten, um die Brüder gegen die Unbilden der Witterung zu schützen, da griff alles zu, Mönche und Laienbrüder; die einen fällten Bäume, die anderen mussten die Steine zuhauen, wieder andere bauten die Wasserleitung; die Walker, Bäcker, Gerber,

Schmiede richteten ihre Werkstätten ein. S. Bernhard hatte auch weltliche Arbeiter berufen, die er bezahlte. Spätere Urkunden sprechen häufig von Knechten oder Taglöhnern im Dienste der Abtei, aber während des 12. und 13. Jahrhunderts erscheinen sie nur als Knechte auf den Meiereien und als Wagner; für die letzteren wurden besondere kleine Brote, „Wecken", gebacken.

Die Feldarbeiten verrichteten, wie gesagt, Mönche, Laienbrüder und Knechte gemeinsam; die Mönche beschränkten sich dabei aber auf die Beschäftigungen, die sie in ihren klösterlichen Übungen nicht zu sehr störten. Es waren also die Arbeiten, die eine längere Abwesenheit vom Kloster erheischten, ausschliesslich Laienbrüdern und Knechten überlassen; sie waren Ochsenknechte, Schafhirten, Fuhrleute und Winzer. Der fromme Zweck dieser niederen Dienste adelte die damit Betrauten. Die Mönche waren also nur zur Aushilfe da; sie hatten die Oberleitung, ihr persönliches Zugreifen war nur bei dringenden Arbeiten, in der Heu- und Getreideernte, von greifbarem Nutzen. — Das Wunder, durch das St. Bernhard noch als Novize in Citeaux einst erntete, ist bekannt; auch später leitete er dies wichtige Geschäft stets in eigener Person. Später, als die Cistercienseräbte grosse Herren geworden, politische Persönlichkeiten, Gesandte von Päpsten und Kaisern, da hielten sie diese Aufsicht für zu niedrig; sie setzten sich damit aber auch über eines der Fundamentalprinzipe ihres Ordens hinweg; denn die Betonung der Arbeit der Hände war der Lebensnerv der von den Cisterciensern ausgegangenen Reform. Die Cisterciensermönche der ersten Zeit betrachteten die Erntearbeit als eine der verdienstlichsten Handlungen, die sie verrichten könnten. Herbert erzählt uns, dass ein Mönch von Clairvaux einst mit den übrigen Weizen schnitt. „Als er einen Augenblick abseits trat, betrachtete er die Schnitter und erwog bei sich mit Bewunderung, wie viele in allen Zweigen der Wissenschaft gelehrte Männer, wieviele Hochgeborene, die inmitten von Luxus und Reichtum aufgewachsen, hier aus Liebe zum Herrn im Schweisse ihres Angesichts arbeiteten und freudig die sengende Gluthitze der Sonne ertrugen. Während er noch so im Nachdenken vertieft dastand, sah er drei weissgekleidete Frauen vom Himmel herniedersteigen und den Schnittern nahen. „Mein Gott, wer sind diese schönen, ehrfurchtgebietenden Frauen?" — so fragte er, und ein Greis, der sich eingefunden, sagte ihm, es seien die hl. Jungfrau Maria, die hl. Elisabeth und die hl. Magdalena. „Was wollen sie hier?" — so fragte der Mönch weiter, und der Greis antwortete: „Sie besuchen die Knechte ihrer Ernte!"“

Die Feldarbeit stand bei den Cisterciensern in hohen Ehren und wurde durch die grössten Talente des Jahrhunderts gewissermassen geleitet; daher erzielten sie auch so grosse Resultate. Die Drainage, die heutzutage aus dem Ausland überall eingeführt worden, — die Cistercienser kannten und übten sie längst. Wie die zahlreichen Weiderechte, die sie sich erteilen liessen, beweisen, hielten sie grosse Herden, um den nötigen Dünger zu erhalten. So gibt z. B. eine Urkunde aus dem Jahre 1205, die sich auf die Gründung einer Tochterabtei in Sardinien bezieht, eine Vorstellung von dem Viehreichtum in Clairvaux: man gab dieser Abtei zum Anfang 10000 Lämmer und Schafe, 1000 Ziegen, 2000 Schweine, 500 Kühe, 200 Füllen und 100 Pferde. Man kannte in Clairvaux die Vorteile der Akklimatisation fremder Rassen und machte dahin zielende Versuche. So wurde aus Italien eine besondere Rasse von Stieren eingeführt, die sich in der Umgebung der Abtei rasch vermehrten. Selbst die Legende bemächtigte sich dieses prosaischen Stoffes, indem sie um die Person des Mönchs Laurentius einen Sagenkranz wob.

Bei aller Betonung der körperlichen Arbeit wurde jedoch die Geistesarbeit bei den Cisterciensern keineswegs ignoriert. Das veranlasst uns im folgenden, von den **Studien der Cisterciensermönche** zu handeln.

Wir stellen uns gewönlich den Benediktiner als einen Gelehrten vor, genauer, als einen Mann, der nur inmitten seiner Folianten lebe und seine ganze Zeit mit langwierigen, mühseligen wissenschaftlichen Arbeiten hinbringe. Gewiss haben die Benediktiner der letzten Jahrhunderte Büchersammlungen hinterlassen, die durch ihre Reichhaltigkeit und besonders durch ihren wissenschaftlichen Wert unsere höchste Bewunderung verdienen. Dem Geschichtsschreiber sind sie vollends unentbehrlich. Den Benediktinern der ersten Jahrhunderte verdanken wir den grössten Teil der klassischen Literatur des Altertums. Indes war diese ausgebreitete literarische Beschäftigung nur Nebensache. Beten war der Hauptzweck und die Hauptbeschäftigung. Wenn der literarische Geschmack in den ältesten Benediktinerklöstern so schöne Blüten treiben konnte, so verdankt man es dem Umstand, dass von allem, was vom Altertum überkommen, die Religion allein sich Recht und Geltung in diesen barbarischen Zeiten verschaffen konnte und nun die erhabenen Reste und Zeugnisse römischer und griechischer Bildung unter ihre Fittiche nahm, ihnen in ihren Heiligtümern Schutz und Pflege angedeihen liess. Tausende von Mönchen mussten in harter Arbeit die Hände regen, um einer relativ geringen Zahl die Möglichkeit zu geben, ohne Sorge und Störung der glorreichen Arbeit der Feder, des Geistes, zu obliegen. Wir wollen damit nicht sagen, dass jede geistige Beschäftigung der Mehrzahl der Mönche versagt gewesen: jeder hatte seine Schreibtafel und seinen Griffel; jeden Tag musste er eine bestimmte Zeit der Lektüre widmen, von Ostern bis Oktober die Zeit von $9^1/_2 - 12$ Uhr, von Oktober bis zur Fastenzeit eine Stunde bei Tagesanbruch und nachmittags zirka 3 Stunden bis zur Vesper, während der Fastenzeit von $7 - 9^1/_2$ Uhr. An Sonntagen und an arbeitsfreien Tagen sollte er die ganze Frist, die ihm Gottesdienste und Mahlzeiten liessen, mit Lektüre zubringen. Diese Lektüre gewährte wohl den Mönchen eine ihre Zeitgenossen weit überragende allgemeine Bildung, machte aber noch keine Gelehrte aus ihnen; dazu gehörte mehr.

Diese scharfen Bestimmungen waren bei der von den Cisterciensern ausgehenden Reform beibehalten worden mit der einzigen Modifikation, dass die der Lektüre gewidmete Zeit nach freiem Belieben auch zum Gebet verwendet werden durfte. Immerhin sprechen die „Älteren Satzungen des Cistercienserordens" auch von Mönchen, die mit Abschreiben sich beschäftigten und von der Feldarbeit befreit waren. Waren die Brüder zur Feldarbeit hinausgezogen, so durften die Schreiber nötigenfalls sogar das Schweigen brechen; sie durften die Küche betreten, um ihre Schreibtafeln zu glätten, die Tinte anzufeuchten und das Pergament zu trocknen. Beim Schreiben durften sie auch Kutte und Skapulier ablegen. Die Ciserciensklöster hatten nicht nur Bibliotheken, die schon die Regel der Benediktiner vorgesehen, sondern auch besondere „Schreibstuben".

Dass schon in den ersten Cistercienserklöstern Bibliotheken existierten, geht klärlich aus den „Alten Satzungen" hervor, nach welchen an gewissen Tagen zu bestimmten Stunden „vor der Bibliothek eine Lampe brennen solle, damit man lesen könne". Der Pfleger (infirmarius) musste abends die im Siechenhause befindlichen Bücher in die Bücherei (armarium) zurückbringen. In Clairvaux befand sich die Bibliothek im Kloster. Herbert erzählt uns, dass ein Novize zur Zeit des Stifters nachts in die im Kloster befindliche Bibliothek eingedrungen sei, um Bücher zu entwenden; er wurde davongejagt. Martène erzählt, dass er noch im 18. Jahrhundert in Clairvaux an hölzerne Lesepulte mit Ketten angeschlossene Bücher gesehen habe; doch war dies der kleinste Teil der Bibliothek, das Übrige befand sich in einem besonderen Gebäude. Von den Schreibstuben ist schon 1134 in den Institutionen des Cistercienser-Generalkapitels die Rede: „In allen Schreibstuben, wo die Mönche zu schreiben pflegen, soll das gleiche Schweigen beobachtet werden, wie in der Klausur". Martène berichtet, dass die Schreibstuben noch im 18. Jahrhundert existiert hätten: „Vom grossen Kloster aus tritt man ins Sprechkloster. Hier sind 12—15 Zellen, alle in einer Reihe, wo die Brüder ehemals Bücher schrieben, daher sie auch noch jetzt „Schreibstuben" heissen".

Die Mönche hatten beim Abschreiben strenge Vorschriften; sie durften die Buchstaben nicht in mehreren Farben malen, noch sie mit Miniaturen verzieren, ein Verbot, das bis ins 15. Jahrhundert galt, wo ein Abt von Clairvaux zu einem Illustrator von Troyes seine Zuflucht nehmen musste, um seine Bücher malen zu lassen. Bücher durften ferner nur mit besonderer Genehmigung des Generalkapitels geschrieben werden. So sehen wir, dass im 12. Jahrhundert Abt Guerric von Igny auf dem Totenbette Befehl erteilt, ein ohne diese Erlaubnis abgeschriebenes Gebetbuch zu verbrennen.

Die ältesten Cistercienser scheinen befürchtet zu haben, dass gewisse Studien geeignet seien, die Brüder von den klösterlichen Übungen und ihrem eigenen Lebensziel abzulenken. Darum brauchen die Eintretenden auch nicht lesen zu können; konnte der das Gelübde ablegende Novize die Formel nicht lesen, so liest sie der Novizenmeister (magister novitiorum) an seiner Statt. Die Klöster sind keine Schulen, weshalb auch kein Fremder studienhalber zugelassen wird; die Mönche und Novizen allein können an dem allenfalls erteilten Unterricht teilnehmen. So die Bestimmungen von 1134! Im Jahre 1188 befiehlt das Generalkapitel, die Abhandlungen des Gratianus über das Kirchenrecht (Decreta Gratiani) unter Verschluss zu halten und sie nur im Falle wirklichen Bedürfnisses zu Rate zu ziehen; auch werden sie nicht im gemeinsamen armarium aufbewahrt „wegen der vielen Irrtümer, die sie verursachen könnten". Nach den Institutionen des Generalkapitels (1240) und den „Älteren Satzungen" (1289) wird diese Bestimmung aufrecht erhalten und auf zivilrechtliche Werke ausgedehnt. Der Grund dieses Verbots scheint in jener alten Vorschrift zu suchen zu sein, nach der kein Mönch sich um Prozesse eines andern kümmern oder gar Anwalt oder Sachwalter sein durfte. Im Jahre 1198 erhält das Generalkapitel Kenntnis davon, dass ein Mönch sich von einem Juden habe hebräisch lehren lassen; der Abt soll die Sache untersuchen, und 1199 wird der Schuldige in ein anderes Kloster versetzt. Im Jahre 1240 wird den Laienbrüdern der Gebrauch von Büchern untersagt: „es genüge, wenn sie das Paternoster, Credo, Miserere und Ave Maria auswendig könnten; und wenn sie es auswendig wüssten, dann bräuchten sie keine Bücher". Nom. Cisterc. 354.

Doch bald folgte die Reaktion. Die Bettelorden hatten eine ausserordentliche Verbreitung und Ausdehnung gefunden und durch ihre eifrigen Studien eine für die Cistercienser beschämende Überlegenheit gewonnen, die alle Welt anerkannte. Besonders die Predigermönche oder Dominikaner, die der Kirche im 13. Jahrhundert den grossen Thomas von Aquino gegeben, taten es in den Wissenschaften den Cisterciensern bei weitem zuvor. Sie schickten ihre Brüder nach

Paris, um an der Sorbonne Vorlesungen zu hören, richteten in ihren Klöstern Schulen ein, und empfahlen ihren Gliedern das Studium des Griechischen, Hebräischen und Arabischen; ja, sie errichteten in einem ihrer Klöster gegen Ende des 13. Jahrhunderts sogar einen Lehrstuhl für das Hebräische. Dieser allgemeinen Zeitströmung konnten sich auch die Cistercienser nicht entziehen. Im Jahre 1231 setzt das Generalkapitel fest, dass beim Eintritt eines Novizen besonders darauf zu sehen sei, ob er seiner Bildung und Frömmigkeit nach dem Orden von Nutzen sein und ihm zur Ehre gereichen werde. Nach dem Statut vom Jahre 1234 soll nur ein genügend wissenschaftlich gebildeter Mönch zum Abt gewählt werden. Endlich durchbrach Abt Stephan I. von Clairvaux mit einem kühnen Entschluss die engen Schranken, indem er für die Mönche seines Klosters das „Collegium Sancti Bernardi" zu Paris gründete. Es war ein offenkundiger Bruch mit einem Fundamentalgesetz der Cistercienser, nachdem kein Mönch ausserhalb des Klosters über Nacht bleiben durfte. Auch sollten die Klöster stets in gewisser Entfernung von bewohnten Orten errichtet werden. Um den Verstoss zu sanktionieren, liess sich Abt Stephan von Innocenz III. einen päpstlichen Dispens geben, was wieder eine Verletzung der Ordensregel war; denn dort hiess es: „Niemand soll sich ein Privilegium erteilen lassen oder ein solches aufrecht erhalten, das den allgemeinen Ordensgesetzen zuwiderläuft". Durch das Statut vom Jahre 1134 werden die Übertreter sogar mit der Exkommunikation bedroht. Im vorliegenden Falle beugte sich indes das Generalkapitel der päpstlichen Autorität und gab nachträglich seine Genehmigung; doch waren dazu eigenhändige Schreiben des Papstes und mehrerer Kardinäle nötig. Übrigens konnte kein Abt gezwungen werden, Schüler zu senden, auch sollte jedes Kloster für die Seinigen bezahlen. Natürlich sah das Generalkapitel die neue Gründung mit scheelen Augen an. Da es den Mönchen gerne eine bessere Ausbildung gewähren und sie doch von den grossen Städten fernhalten wollte, so bestimmte es, dass für jede Provinz in einer Abtei Vorlesungen über Theologie gehalten werden sollten. Im Jahre 1281 erlaubte es, dass auch Vorlesungen anderen Inhalts gehalten werden durften in jedem Kloster mit mehr als 8 Mönchen; auch sollten Brüder anderer Cistercienserklöster auf deren Kosten daran teilnehmen dürfen. Doch scheint der Erfolg dieser Schulen ein geringer gewesen zu sein. Das wissenschaftliche Leben war in den Universitätsstädten konzentriert, vor allem in Paris, was Theologie anlangte, wie denn auch das Kollegium S. Bernardi in kurzem ungeheuer gewann. Die Bestimmungen, die es betreffen, sind sehr zahlreich. Im Jahre 1248 bestimmt das Generalkapitel, dass der vom Abt von Clairvaux an seine Spitze gestellte Mönch Provisor, nicht Prior genannt werden solle. Der Cistercienserorden hatte nämlich im Gegensatz zu den Benediktinern nur in den Klöstern Priore. Dasselbe Kapitel erteilt dem Abt von Clairvaux den Gerichtsbann über alle Mönche, die sich im Kollegium des hl. Bernhard befinden, auch wenn sie aus anderen Klöstern stammen, und 1250 bestimmt das Generalkapitel, dass der Provisor in allen Abteien, in denen er verweile, direkt hinter dem Abt rangiere. Im Jahre 1251 wird bestimmt, dass drei Mönche, die damals in Paris studierten, im Falle sie zum Abte gewählt würden, nicht gehalten sein sollten, die Wahl anzunehmen, da sie Aussicht auf die Professur hätten. Im Jahre 1254 erfolgte eine neue Abweichung von der alten Regel: im Kollegium können Novizen aufgenommen werden, was sonst nur in den Klöstern der Fall war. Der Anstoss zu dieser Neuerung ging vom Papste aus. Im Jahre 1255 wird Stephan I. von Clairvaux abgesetzt, wie es heisst — aus Missgunst wegen der Gründung des Kollegiums zu Paris, was wir jedoch bezweifeln. Zu diesen Zeiten hingen vom Cistercienserorden schon auch andere Kollegien ab, wie das zu Montpellier, von Vallemagne aus gestiftet, dessen Abt 1252 vom Generalkapitel gleiche Rechte über sein Kollegium verliehen wurden, wie dem Abt von Clairvaux über das Kollegium des hl. Bernhard in Paris. Am Ende des 13. Jahrhunderts bestand ein Kollegium in Oxford, dessen Gründung 1280, das von Toulouse, dessen Gründung durch den Abt von Grand-Salve 1281 durch das Generalkapitel genehmigt wurde und die „Stella" in Pamplona. Ihre Zahl wurde in der Folge erhöht; die Constitutio Benedicti XII. zur Reform der Cistercienser (1335) erwähnt ihrer vier: zu Toulouse, Oxford, Paris und Montpellier und bestimmt die Errichtung von drei neuen: zu Salamanca an Stelle der „Stella", zu Metz und zu Bologna. 1354 befiehlt das Generalkapitel die Errichtung eines Kollegs in Prag und 1454 zu Köln. Seit 1300 war für Klöster, die keine regelrechte Schule hatten, die Sendung von Mönchen in diese Kollegien obligatorisch. Die Kollegien von Toulouse und Montpellier waren für Südfrankreich und Navarra, Salamanca für das übrige Spanien, Metz für Deutschland, Oxford für England, Schottland, Irland und Wales, Bologna für Italien bestimmt. Paris war das Erste von allen und die „Quelle aller Studien", wie es denn auch seine Schüler aus allen Ordensprovinzen beziehen konnte. Das Schuljahr begann in Paris am 1. Oktober, in den übrigen Kollegien an S. Lucas (18. Oktober) oder Allerheiligen (1. November); an diesen Tagen mussten die Mönche, welche die Vorlesungen hören wollten, eingetroffen sein. Klöster mit über 40 Mönchen mussten deren zwei, Klöster mit mindestens 18 Mönchen einen in einem Kollegium unterhalten. Die grösseren Klöster sollten ihre Mönche zudem nach Paris senden, ebenso auch die Klöster der

2. Kategorie, wenn sie wenigstens 30 Mönche zählten; die anderen konnten sich mit dem Kollegium der Provinz begnügen.

Am Kollegium St. Bernardi gab es 3 Professoren; der erste hiess Magister regens, er hatte den Rang eines Dr. Theologiae und bezog ein Gehalt von 1050 Francs, 800 aus allgemeinen Fonds und 250 von seinem Kloster; der zweite, der Baccalaureus regens, bezog zirka 450 frs., 250 aus den allgemeinen Fonds und den Rest von seinem Kloster; der dritte, der sog. Lector Bibliae, hatte 300 frs., wovon 100 aus dem allgemeinen Vermögen. Jeder Schüler musste 200 frs. Pension entrichten, und zwar musste sein Kloster dies für ihn tun. In den übrigen Kollegien waren die Beträge geringer. Der Magister regens hatte nur 400 frs., der Baccalaureus regens 300 frs. und der Lector Bibliae 200 frs. Gehalt; ebenso betrug die Pension nur 150 frs. für einen Mönch. Manchmal waren auch nur 2 Professoren, ein Magister regens oder Baccalaureus regens und ein Lector Bibliae, da. Die Vorlesungen umfassten scholastische Theologie und Bibelexegese. Der Mönch, der als Magister oder Baccalaureus über Scholastik lesen (sententias legere) wollte, musste ein 8 jähriges Studium in einem Ordenskollegium absolviert haben; wollte er über Exegese lesen, so musste er ein solches von 6 (früher 7) Jahren aufweisen.

In der bereits erwähnten Constitutio Benedicti XII. finden sich auch Massregeln zur Beschränkung des Luxus und der Verschwendung. So mussten die Cisterciensermönche, die sich zu Doktoren kreieren lassen wollten, vorher schwören, bei ihrer Promotion nicht mehr als 10 000 frs. auszugeben oder ausgeben zu lassen für Gelage, Gewänder u. dergl. 220 Jahre waren verflossen, seit St. Bernhard das Gelübde der Armut abgelegt hatte!

In der ersten Zeit befand sich das Kollegium St. Bernhards nicht an der Stelle, wo wir es vom 13.—18. Jahrhundert finden. Im Jahre 1246 erwarb der Abt von Clairvaux vom Kapitel von Notre-Dame 6½ Morgen Wingert an der Stadtmauer in der Nähe des Tores St. Viktor. Am 18. Dezember des gleichen Jahres vertauschte man es gegen 5 Morgen Land der Abtei St. Viktor, die wegen der vielen dort wachsenden Nesseln (chardons) den Namen „Chardonnet" trugen. Die Gebäude des Kollegiums müssen eine grosse Ausdehnung und Bedeutung gehabt haben, da ein nahes Tor und ein Quai an der Seine nach ihnen benannt wurden. Die Kirche wurde 1336 erbaut unter Benedikt XII. Der grösste Teil der Gebäude ward in der Revolution zerstört; nur das Refektorium besteht noch, wenn auch in veränderter Gestalt, im Jahre 1845 wurde es in eine Feuerwehrkaserne umgewandelt; es war 70 m lang und durch zwei Säulenreihen, die die Wölbung trugen, in drei Schiffe geteilt. Das **darunter** befindliche ebenfalls gewölbte Erdgeschoss diente wahrscheinlich als Keller. **Darüber** befand sich ein nicht gewölbtes Stockwerk mit Zellen, Schlafräumen und Klassenzimmern. „Auch die überbliebenen kümmerlichen Reste verdienen noch aufmerksame Würdigung. Wenn das Bernhardinerrefektorium auch nicht die Pracht von St. Martin-aux-Champs zeigt, so übertrifft es dasselbe doch an Ausdehnung und Einfachheit des Planes trotz seiner Grösse. Seine Architektur — einfach, praktisch, solid und nicht ohne Zierlichkeit, — bietet ein geeignetes Studienobjekt. Ein schöner quadratischer Saal mit Säulenreihen verbindet es mit der Kirche, die noch gut erhalten ist. Die Decke des Saals ist schön gewölbt, ringsum laufen Friese mit Darstellungen geschichtlichen Inhalts. Am Südende des Gebäudes findet sich noch der Rest einer Mauer aus Quadersteinen, die einst das Kollegium des hl. Bernhard umgeben hat."

Kehren wir zur **Bibliothek der Abtei Clairvaux** zurück.

Der Katalog von 1473 enthält 24 Kategorien von Büchern, deren jede einzelne 80—100 Nummern zählt. Dieselben entsprechen nicht etwa dem Inhalt der Werke, sondern der Einteilung der Räumlichkeit, in welcher die Bücher untergebracht waren. Letztere waren an Lesepulte angeschlossen. Es gab 24 Lesepulte, für jede Serie eines. Jede Serie hatte einen besonderen Buchstaben des Alphabets, der im Katalog und auf dem Einbandrücken stand. Das für eine Serie bestimmte Pult trug das Zeichen der Serie, wodurch das Nachsuchen sehr erleichtert wurde. Hatte man im Katalog den gewünschten Band gefunden, so merkte man sich sein Zeichen; angenommen, es sei das C 23 gewesen, so befand sich der Band als 23 ster im Pult C, d. h. dem 3. Pulte in der Reihe.

Der Katalog enthält 2228 Nummern; 514 sind unausgefüllt; sie waren für spätere Erwerbungen bestimmt, die nicht stattgefunden. Es sind aber auch 1714 Bände noch eine hohe Zahl, wenn man bedenkt, dass alle diese Bücher **geschrieben** waren. 378 waren zum täglichen Gebrauch bestimmt als Regulative St. Benedikts (8), Satzungen der Cistercienser (14) und liturgische Bücher (356). Die restierenden 1336 Bände zerfallen in 1034 theologischen und 302 sonstigen Inhalts. Unter den ersteren überwiegen die exegetischen Werke; scholastischen Studien scheint man sich in Clairvaux weniger hingegeben zu haben. Die Werke allgemeinen Inhalts umfassen Geschichte (66), Kirchenrecht (89), Zivilrecht (5), Medizin (17), die sieben freien Künste, trivium et quadrivium, d. h. Grammatik (23), Logik (9), Rhetorik (39, wovon Poesie 26), Arithmetik, Geometrie und Astrologie (12; Musik fehlt ganz!), endlich die Philosophie (17), d. h. Aristoteles und seine Kommentatoren.

Im Jahre 1717 besuchten Durand und der gelehrte Mauriner Martène zu zwei verschiedenen Malen die Abtei Clairvaux; ihr Bericht findet sich im „Voyage litteraire". Martène berichtet dort: „Über den Schreibstuben befand sich die Bibliothek, ein grosser, heller, gewölbter Raum mit vielen durch Ketten an Lesepulten angeschlossenen Manuskripten, aber wenig gedruckten Büchern". Das Gebäude, von dem der Gewährsmann spricht, wurde 1495—1503 erbaut, wie aus folgender Inschrift hervorgeht:

> Jadis se fit ceste construction
> Par bons ouvriers subtilz et pleins de sens
> L'an qu'on disait de l'incarnation
> Nonnante-cinc avec mil quatre cens.
> Et tant y fut besognié de courage
> En pierre, en bois et autre fourniture,
> Quaprès sept ans achevèrent l'ouvrage,
> Murs et pilliers, voulte et couverture.
> Puis en feuvrier mil cinc cens et trois
> Y furent mis les livres des docteurs.
> Le doulx Jèsus, qui pendit en la croix,
> Doint paradis aux devotz fondateurs.
> Amen.

Zu deutsch:

> Einst dies Haus erbaut worden ist
> Von frommen Brüdern wohl mit Glimpf,
> Da man schrieb seit Jesu Christ
> Eintausend vierhundert neunzig und fünf.
> Gross fürwahr ihr Eifer war,
> In Stein und Holz und andrem Gefach
> Vollend't stand der Bau im 7. Jahr,
> Die Mauern, Pfeiler, Wölbung und Dach.
> Im Februar tausend fünfhundert drei
> Die Schriften man bracht' zur Bücherei.
> Lass', lieber Heiland, der am Kreuz musst' sterben,
> Die frommen Gründer einst dein Reich ererben!
> Amen.

Dies Bibliotheksgebäude existiert heute nicht mehr; die Bibliothek wurde wie die übrigen Abteigebäude, im 18. Jahrhundert neugebaut.

Der grösste Teil der Manuskripte des Klosters Clairvaux waren Werke der Kirchenväter. Sie sind bis auf eins oder zwei fast alle seit Beginn des Ordens geschrieben. Wer sie kennen lernen will, der möge bei Martène und Durand in deren „Voyage litteraire" das Verzeichnis nachlesen.

Wir können aber diesen I. Abschnitt unserer Abhandlung nicht schliessen, ohne noch die Nahrung der Cisterciensermönche, ferner ihre Ordenskleidung und ihr Lager zum Ausruhen in den wenigen Nachtstunden geschildert zu haben.

Die Regel des hl. Benedikt verbot allen Brüdern, die nicht krank seien, das Fleisch. Diese Bestimmung ward im Cistercienserorden durch wiederholte Erlasse den Brüdern eingeschärft, ja sogar die Zubereitung der Gemüse mit Fett verboten, und 1152 durch ein Statut des Generalkapitels der Mönch, der in einem fremden Kloster eine geschmälzte Speise mit Wissen genossen, mit eintägigem Fasten bei Wasser und Brot bedroht. Auch die Kranken sollten sich von Septuagesimae bis Ostern und an allen Samstagen des Fleisches enthalten. Als im 14. Jahrhundert der Eifer sich abgekühlt, gab es Abteien, in denen die Brüder täglich Fleich genossen. Die Mönche behaupteten, der Genuss sei durch päpstliche Bestimmung erlaubt, und es bedurfte des Eingreifens Papst Benedikt XII., um die ursprüngliche Ordnung wieder herzustellen. Doch wurde 1493 an allen Sonntagen, sowie Dienstags und Donnerstags das Fleisch gestattet, ausgenommen Advent, Septuagesimae, in den Fasten und Bitttagen (Pariser Artikel).

Die Regel S. Benedikts setzt nichts Genaueres hinsichtlich des Brotes fest. Bei den ersten Cisterciensern dagegen war Weissbrot nur den Kranken und Fremden vorbehalten. Wenn man keinen Weizen hatte, benutzte man Roggen, ja Gerste, Hafer, Hirse und Wicken zur Brotbereitung. Die nämliche Strenge sprach sich in der Zubereitung der übrigen Lebensmittel aus. Pfeffer und Kümmel, damals sehr seltene Gewürze, waren verpönt. Selten gab es Fisch, den die Regel erlaubte. Ernald erzählt in seinem Leben des hl. Bernhard (cap. 1), dass Innocenz II. bei seinem Besuch in Clairvaux im Jahre 1131 die Brüder in nicht geringe Verlegenheit setzte, da man keinen Fisch auftreiben konnte. Da setzte man dem Haupte der Kirche „statt Schleien Gemüse vor und als Leckerbissen wieder — Gemüse". Wenn indes der Chronist weiter erzählt, dass man sich zu jener Zeit oft mit Gemüse von Buchenblättern begnügte, so dürfte dies doch wohl nur auf augenblickliche Not zurückzuführen sein. Die Mönche, die zur Abtötung des Fleisches ihr Gemüse ohne Fett oder Öl genossen und an Ostern Erbsen und Bohnen assen, hätten nicht soweit zu gehen brauchen, erlaubte doch die Regel nicht allein Öl und Fisch, sondern auch Käse, Butter, Milch und sogar Kuchen. Der Genuss von Käse, Butter und Milch war an allen Tagen, an denen man nicht fasten musste, erlaubt, verboten nur an Advent, am „mageren" Montag und Dienstag, an den Fasten, Sonnabend vor Pfingsten, Quatember, am Vorabend der Feste Johannes des Täufers, Petri und Pauli, Simonis und Judä, Allerheiligen, Mariä Himmelfahrt, S. Laurentii und S. Matthaei. Die Fastenspeise bestand aus Gemüse und Fisch. Erst 1350 wurde in Ermangelung von Fisch eine Milchspeise erlaubt.

Den Wein erlaubte die Regel S. Benedikts, doch die ersten Cistercienser genossen ihn nur sehr mässig. Im Anfang waren sie zu arm; hatten sie doch oft kaum trockenes Brot, so dass sie oft in der Lage waren, von der die Regel des hl. Benedikt also spricht: „Ist der Wein nicht in genügendem Masse oder fast gar nicht vorhanden, so ist dies ein Grund mehr, Gott zu loben und nicht zu murren; denn dies Gebot geht über alle anderen: sich stets des Murrens zu enthalten". So war die allgemeine Lage beim Besuche Innocenz II. in Clairvaux: in Ermangelung von Wein setzte man dem Haupte der Kirche eine Wassersuppe vor. Sonst trank man gewöhnlich Bier oder — Wasser. Zudem war es ein Hauptmittel zur Abtötung des Fleisches, sich des Weines, wenn auch nicht gänzlich zu enthalten, so doch im beschränktesten Masse zu bedienen. S. Bernhard sieht die Einführung des Weins in die Klöster seiner Zeit schon als die Vorboten des beginnenden Verfalls an: „Es steht geschrieben", so sagt er, „der Wein sei nicht für die Mönche; man kann die jetzige Generation davon aber leider nicht überzeugen". Johannes, der Eremit, erzählt, dass ein Mönch in der Nähe von Clairvaux einen Weinberg gepflanzt habe. „Eines Tages gingen zwei andere Mönche an demselben vorüber, hielten dem Bebauer sein Unrecht vor und verfluchten den Weinberg; niemals solle er seinem Eigentümer Früchte bringen. Und siehe da, der Mönch starb wirklich, ohne Früchte seiner Arbeit gesehen zu haben. Erst als der hl. Bernhard auf Bitten des Hüters den Weingarten mit Weihwasser besprengte, brachte er Früchte". S. Bernhard verbot den Wein keineswegs. Einer der Hauptgründe zur Verlegung des Klosters 1135 war der Umstand, dass die neue Stelle zum Rebbau geeigneter war. Doch war es Grundsatz bei ihm, dass der Wein nur im Notfalle und mässig zu geniessen sei. So bemerkte man, wenn er trank, nachher kaum eine Abnahme des Weins im Kruge. Gewöhnlich trank er gar keinen Wein; „der Wein bekomme ihm nicht", sagte er; meist genoss er Milch, Gemüsebrühe oder Wasser.

Später, im 13. Jahrhundert, besass die Abtei Clairvaux durch zahlreiche Schenkungen viele Weinberge; um diese Zeit scheint auch der Weingenuss nicht mehr so beschränkt gewesen zu sein, wie zu den Zeiten des Stifters. Im 12. Jahrhundert macht eine Abtei in Ungarn sogar Schulden, um Wein zu kaufen. „Wir müssen darob vor Scham rot werden", sagten dazu die zum Generalkapitel versammelten Äbte. Ach, es sollte noch eine Zeit kommen, wo man ohne zu erröten noch ganz andere Regeln des mönchischen Lebens übertrat!

Alle Verordnungen der Cistercienser stimmen mit der Regel des hl. Benedikt dahin überein, dass täglich nur zwei eigentliche Mahlzeiten statthaben sollten. Das Generalkapitel bedroht mit sechstägigem Fasten, wovon einen Tag bei Wasser und Brot, alle Äbte, die junge Leute noch in einem Alter zur Ablegung des Gelübdes zuliessen, das 3 tägliche Mahlzeiten nötig mache. Doch war in einzelnen Fällen eine ergänzende Erfrischung, das sog. „Mixtum" gestattet, von dem schon die Regel S. Benedikts spricht (cap. 35 u. 38). Nach den alten Bräuchen (usus) der Cistercienser (cap. 74) bestand es in einem Viertelpfund Brot und einer Drittelmass Wein. Man nahm es morgens ein von 8—9 Uhr; es war aber nur Laienbrüdern, angestrengt arbeitenden Mönchen und Jugendlichen gestattet. Während der Fastenzeit — ausgenommen Sonntags —, an den Bitttagen, Quatembertagen und den Vigilien war diese Art Frühstück untersagt. Die Mahlzeiten selbst fanden von Ostern bis Pfingsten um Mittag und bei Sonnenuntergang statt; von Pfingsten bis 13. September ass man am Mittwoch und Freitag um 3 Uhr zu Mittag, wenn nicht die durch die Feldarbeit verursachte Ermüdung dem widersprach. Vom 13. September bis zur Fastenzeit fand das Mittagsmahl stets um 3 Uhr statt. Wenn man erst um 3 Uhr ass, gab es des Abends nichts mehr. In der Fastenzeit, in der es auch nur eine Mahlzeit täglich gab, fand dieselbe bei Sonnenuntergang statt. Die Klöster hatten keine besonderen Köche, jeder Mönch versah die Küche, wenn die Reihe an ihn kam.

Wenn man die Hore zu der Stunde gesungen, zu der das Mahl statthaben sollte, gab der Prior oder ein beauftragter Mönch ein Glockenzeichen, worauf sich die Mönche die Hände wuschen und ins Refektorium begaben. Liess der Prior, der bei Tische den Vorsitz führte, auf sich warten, so konnten die Mönche bis zu seinem Kommen sich niedersetzen. Bei seinem Eintritt erhoben sie sich alle; der Prior ging dann auf seinen Stuhl zu, ergriff eine Glocke und läutete solange, dass man unterdessen den Psalm Miserere beten konnte; dann sprach man das Benedicite, der Prior erteilte den Segen, worauf man Platz nahm. Die Schüsseln sollten schon auf dem Tische stehen; manchmal verspätete man sich indes und brachte sie erst nach dem Benedicite. Man begann in diesem Falle beim Herumgeben derselben beim Abt, dann auf der rechten und linken Seite abwechselnd. Während des Essens ward vorgelesen. Mit dem Mahle ward begonnen, wenn der Abt oder Prior das Zeichen gegeben, d. h. das vor ihm niedergelegte Brot aufgedeckt hatte. Es war untersagt, die Hände am Tischtuch abzuwischen oder das Messer, ehe man es am Brote gereinigt. Salz durfte nur mit dem Messer aus den aufgestellten Büchsen entnommen werden. Beim Trinken musste man den Becher mit beiden Händen fassen. Der Prior gab wiederum das Zeichen zur Unterbrechung des Vorlesens, d. h. zum Ende des Mahles, dann läutete er, die Mönche erhoben sich und verliessen zwei und zwei das Refektorium unter Absingen des Miserere, um sich zur Kirche zu begeben, wo das Dankgebet, das Gratias, stattfand.

Die Menge der Nahrung war von der Regel S. Benedikts vorgeschrieben; sie sollte zwei Platten nicht übersteigen, zu jedem Mahle eine, wenn 2 Mahlzeiten; beide auf einmal, wenn nur eine Mahlzeit stattfand, zudem ein Pfund Brot und eine Mass Wein. Gab es Früchte oder junge Gemüse, so durften auch sie aufgetragen werden, doch in rohem Zustande. Die ersten Cistercienser verschärften diese Bestimmung dahin, dass an allen Freitagen das Mahl in Wasser und Brot bestehen sollte, ausser wenn ein „Fest der 12 Stationen" auf diesen Tag oder auf den folgenden falle; die Zahl dieser Tage war auf drei beschränkt. Die Selbstkasteiung verschwand gegen Ende des 13 Jahrhunderts mehr und mehr; eine Schüssel und Wein waren an allen Freitagen, ausgenommen der Charfreitag, erlaubt.

Über das Gewicht der einzelnen Rationen finden wir nirgends Andeutungen; doch müssen sie ziemlich umfangreich gewesen sein, um den Mönchen an Menge zu ersetzen, was ihnen an Güte abging. Eines Tages äusserte Jemand dem Abt von Himmerode (Reg.-Bez. Trier) sein Erstaunen darüber, dass so viele Adelige, Bürger und reiche Kleriker, die in sein Kloster eingetreten, so grobe Gerichte, wie Erbsen, Linsen, Bohnen ohne Gewürz genössen. „Ich würze es ihnen" — erwiderte der Abt — „mit drei Gramm Pfeffer so, dass sie fast nie etwas in der Schüssel übrig lassen. Das erste Gramm Pfeffer ist das Frühaufstehen, das zweite harte Arbeit, das dritte die Unmöglichkeit etwas Besseres zu bekommen. Diese drei Gramm geben dem einfachen Gerichte einen ausserordentlichen Wohlgeschmack. Ich glaube, dass ein Mönch, der seine Linsen oder Erbsen aus Furcht vor Magenbeschwerden verschmäht, sich einer grösseren Sünde schuldig macht, als der, der zuviel isst. Denn an Stelle des Zurückgewiesenen muss er etwas anderes haben; gibt man ihm eine bessere Kost, so sind die Anderen mit Recht unzufrieden, wo nicht, wird er allmählich dahinschwinden. Mit leerem Magen aber kann der Mönch nicht fasten, wachen oder ordentlich arbeiten. S. Bernhard selbst hat eine Predigt verfasst gegen die Brüder, welche sich nicht die nötige Nahrung gönnen. Die im Kloster gebotene Nahrung enthält sowenig wirkliche Nährstoffe, dass man bis zur vollständigen Sättigung essen soll" (Caesarius von Heisterbach, Dialog. miracul. Dist. IV. cap. 78 apud Biblioth. patrum Cist. II. 112).

So hielt man es gewöhnlich in denjenigen Abteien, die streng nach den ersten Ordensregeln lebten. Doch gab es auch Ausnahmen — ich sehe hier von Fällen der Krankheit ab — wo der Gesunde einer stärkenderen Nahrung bedarf. S. Benedikt selbst hat solche Fälle vorgesehen: „Wenn eine aussergewöhnlich anstrengende Arbeit zu verrichten ist, so kann der Abt, wenn er es für nötig erachtet, die Menge der Speisen in entsprechendem Masse erhöhen; doch muss er sich hüten, Leckereien zu gestatten". Die Mönche von Clugny, die das gewöhnliche Mass für unzureichend ansahen, liessen alle Tage mit Ausnahme des Freitags eine ergänzende Schüssel, die sie „Pietantia"*) oder „generale" nannten. Diese Pietantia ward Montags, Mittwochs und Samstags aufgetragen. Eine Schüssel musste für zwei Mönche reichen. Das Generale ward am Sonntag, Dienstag und Donnerstag gegeben; es bekam dann jeder eine Platte. Zur Pietantia und zum Generale nahm man bessere Nahrungsmittel, d. h. Fische, Käse, Eier, während man zu den pulmenta regularia nur Hülsenfrüchte, Leguminosen verwandte. Das erste pulmentum regulare bestand aus Bohnen, das zweite aus Gemüse. Zu einer Pietantia nahm man 4, zum Generale 5 Eier. Gegen solche Neuerungen protestierten die ersten Cistercienser, das Recht des Abts, im Falle der Notwendigkeit eine Extraschüssel zu gestatten, liessen sie bestehen; doch lag es ganz in seinem freien Ermessen, keinesfalls durften die Brüder sie als etwas ihnen optima forma Zustehendes beanspruchen. Das Generalkapitel von 1217 setzte fest, dass der Mönch, welcher die Pietantia zu verlangen sich erkühnte, einen Tag bei Wasser und Brot fasten und ausgepeitscht werden sollte.

Und doch drang der Geist des Verfalls, von dem schon die Cluniacenser ein Beispiel waren, im 14. Jahrhundert in viele Cistercienserklöster ein. Ein Hauptgrund dieses Verfalles war die grosse Freigebigkeit mancher Geschenkgeber, welche Stiftungen mit der Bedingung machten, dass der Abt seinen Mönchen zu bestimmten Zeiten eine Pietantia reichen lasse. Die erste derartige Stiftung rührt von einem Zeitgenossen S. Bernhards her, von Graf Gautier von Brienne. Im Jahre 1175 stiftete Ludwig VII. eine Rente von 30 Pariser Pfund, wovon 6 Pietantiae, 3 an Ostern und 3 an Weihnachten gekauft und den Mönchen gereicht werden mussten; an diesen Tagen

---

*) Unter der Pietantia versteht man eine Vermehrung oder Verbesserung der Mönchskost an gewissen Tagen, wozu eigene Stiftungen von Wohltätern gemacht wurden. Das Wort kommt vielleicht von pie dare = fromm schenken, so dass pietantia eine fromme Schenkung zur Vermehrung und Verbesserung der Kost bedeutet. Eine deutsche Bezeichnung dafür gab es nicht. So ziemlich das nämliche bedeutet pulmentum generale; diese Benennung war aber im Cistercienserorden weniger gebräuchlich als in dem von Clugny.

erhielten die Mönche zu ihrem pulmentum regulare noch drei Schüsseln. Um das Jahr 1190 gibt Hugo von Plancy eine Rente von 30 Sous vom Zoll und Standgeld von Plancy „zur Erquickung der Mönche" an seinem Jahrestage. Im Jahre 1204 gibt Guyard de Reynel allen Clairvaux passierenden Äbten und ihrem Gefolge, wenn sie zum Generalkapitel zogen, das Recht, 8 Tage vor und nach demselben in allen seinen Besitzungen zu fischen; ausgenommen sollten nur die Fischteiche sein, in denen sich Fischbrut befand. Ausser noch vielen anderen Schenkungen wurden auch Stiftungen von Butter, Öl, Käse, Eiern etc. gemacht, die eine schmackhaftere Zubereitung der Speisen ermöglichten, als es zur Zeit des hl. Bernhard üblich gewesen.

Die Stiftungen beliefen sich auf 17 von der Gründung des Klosters Clairvaux bis zum Jahre 1237, an und für sich keine hohe Zahl; bemerkenswert ist indes, dass 11 der gestifteten Pietantiae auf bestimmte Tage fielen und dass das Kloster mit Annahme der Schenkungen somit eine Verletzung der ursprünglichen Ordensregel beging; ferner dass die 6 Pietantiae Ludwig VII. auf 2 Tage fielen, an welchen die Mönche somit 5 Schüsseln hatten, während sie auch zur Zeit der angestrengtesten Arbeit, d. h. bei der Ernte, sich sonst mit 4 Platten begnügen mussten. Während dieser Zeit bekam jeder Mönch neben seinem pulmentum regale noch eine Pietantia, auch war die Brotration um die Hälfte erhöht, falls nicht der Abt ein anderes befahl.

Das Anrecht auf Pietantien ward im 14. Jahrhundert formell anerkannt durch das Verbot, sie in einem besonderen Buch, dem Calendarium, aufzuzeichnen, man sollte sie ins Regelbuch oder in das Martyrologium eintragen, so dass die Lektüre des bestimmten Tagesabschnittes die Brüder darüber aufklärte, ob sie eine Extraschüssel zu erwarten hätten oder nicht. Im 14. Jahrhundert findet man auch das Verbot des Generalkapitels, dass die Pietanz nicht an drei Tagen hintereinander gegeben werden solle, nirgends mehr erwähnt oder erneuert; diese alte Vorsichtsmassregel gegen allzu grosse Schwachheit des Fleisches war eben auch im Lauf der Zeit ausser Brauch gekommen. Noch im Jahre 1240 bedrohte das Generalkapitel jeden Mönch oder Laienbruder mit harter Strafe, der einen weltlichen Herrn dahin bestimmt, seine Almosen in Gestalt und unter der Bedingung von Pietantien zu spenden; später hören wir nichts mehr davon, so sehr eingewurzelt war schon der Missbrauch, so weit war man bereits von der ursprünglichen strengen Zucht des Ordens, die seine Grösse und Berühmtheit begründet hatte, abgewichen! Im Jahre 1260 finden wir über einem Kapitel des Cartulariums*) von Clairvaux die Ueber-

---
*) Urkundenbuch. Siehe Vacandard-Sierp, Leben des Heiligen Bernard von Clairvaux. I. Band S. XIV. (Literaturangabe).

schrift: Eleemosyne; es scheint Stiftungen zu ausschliesslicher Beschaffung von Pietantien gewidmet gewesen zu sein. Eine Bestimmung des Libellus antiquarum definitionum (Buch alter Bestimmungen) Ordinis Cisterc. von 1289 lässt darauf schliessen, dass es in einzelnen Abteien ein besonderes Amt, das des Eleemosynarius oder Pietantiaribus gegeben hat, der die Pietantien ohne Rücksicht auf die Genehmigung des Abtes verteilte. Im Jahre 1260 scheint wirklich dieses Amt der Ordensregel zuwider im Kloster Clairvaux bestanden zu haben; aber 1289 verbot das Generalkapitel die Aufstellung besonderer Eleemosynarii oder Pietantiarii. Doch, es hätte ganz anderer Dinge und Mittel bedurft, als Erlasse des Generalkapitels, um den Geist eines S. Robert und S. Bernhard in der entarteten Nachkommenschaft wieder zu erwecken. —

Es erübrigt nun noch von der Tracht und dem Lager der alten Cistercienser zu reden.

Ein charakteristisches Merkmal des Mönchs war die Bartlosigkeit. Nach den alten Satzungen sollte sich der Mönch siebenmal rasieren lassen: an Weihnachten, Quinquagesimae, Ostern, Pfingsten, S. Magdalena, Mariä Geburt und Allerheiligen; er sollte also einen langen Bart nicht tragen. In der Folge war die Zahl auf neunmal, dann (1257) auf zwölfmal erhöht. Seit 1294 rasierte man sich alle 14 Tage; gleichzeitig ward die Tonsur erneuert und das Haar geschnitten. Ein Mönch hatte Kamm, Scheere, Rasiermesser etc. zu besorgen und in Stand zu halten. Die Köche mussten heisses Wasser ins Kloster bringen, und auf ein gegebenes Schellenzeichen begaben sich die vom Abt mit dem Barbiergeschäft betrauten Mönche an die Arbeit. In gleichem Masse, wie die Arbeit des Haarschneiders vorwärts ging, rasierten sich dann die Mönche, deren Haare geschnitten, gegenseitig. Die Laienbrüder dagegen liessen den Bart stehen.

Die ersten Bestimmungen des Cistercienserordens hatten festgesetzt, dass die Kleider der Mönche und Laienbrüder aus gewöhnlicher ungefärbter Leinwand gemacht sein sollten. Alberich, der zweite Abt von Citeaux, hatte diese Tracht an Stelle der schwarzen gesetzt, die die ersten Cistercienser von Mosleme noch mitgebracht hatten. Seit dieser Zeit war das grauweise Ordenskleid in Brauch. 1269 und 1270 bestimmte das Generalkapitel, dass die Mönche im Chor weisse Kukullen*) tragen sollten, wie sie also von den Laienbrüdern, die braunen Habit trugen, unterschied. Ausserhalb des Chors hatten die Mönche indes die grauen Habite weiter zu tragen. Erst 1466 ward der graue Habit als unterscheidendes Merkmal den Laienbrüdern

---

*) Cuculla, franz. coule wird gewöhnlich mit Kutte übersetzt, welcher Name aber jetzt auch das Mönchskleid überhaupt bezeichnet.

allein zuerkannt. Mehrere in anderen Mönchsorden getragene Kleidungsstücke waren den Cisterciensern untersagt, so der Floc oder Froc*), ein weites Gewand mit Ärmeln, die Pellicea**), eine Art Pelzüberwurf, das leinene Hemd, die Kopf und Schultern deckende Kapuze, Handschuhe und Stiefel. Ein Fragment einer Schrift Petrus des Ehrwürdigen über die Ordenstrachten schreibt dem Prior von Clugny vor, jedem Bruder Kutte, Pellicea, Kapuze oder einen Hut aus Lammfell. Hemd und Hose zu geben. Die Cistercienser waren viel einfacher gekleidet, ihr Habit entsprach genau der Regel S. Benedikts; er bestand aus Tunica***), einem enganschliessenden, bis auf die Knie reichenden Untergewand mit Ärmeln, einer Kukulle, d. h. einem weiten Oberkleid, der Kutte, die mit Ärmeln und Kapuze versehen war, ferner einem Gürtel, Strümpfen und Schuhen. Bei der Arbeit trat an Stelle der Kukulle das Skapulier†), das Kopf und Schultern bedeckte. Auf Reisen kamen Hosen und Gamaschen hinzu. Bei grosser Kälte endlich konnte man 2 Tuniken oder 2 Kukullen tragen. Jede andere Tracht war strenge untersagt. Gottfried, der Sekretär S. Bernhards, erzählt uns einen Zug aus dessen Lebensweise, der zu dieser Stelle angeführt werden soll. In den letzten Lebensjahren des hl. Bernhard, in denen sein wahrhaft jammervoller Gesundheitszustand die grösste Fürsorge erforderte, bedurfte es eines ausdrücklichen päpstlichen Befehles, um den Heiligen zum Tragen eines wollenen Hemdes und Käppchens zu bewegen. Früher hatte er sogar ein Cilicium*†), ein härenes, mit Stacheln versehenes Unterkleid, auf

---

*) Floc oder Froc ist das nämliche Kleid, wie die Kukulla, nur weiter, kostbarer und manchmal auch mit künstlichen Falten versehen, während die Kukulle enger ist, auch nicht so lange Ärmel wie jene hat. Es hat eine Kapuze, die den Kopf bedeckt, oder zurückgelegt getragen wird.
**) Pellicea war Pelzwerk, das die Cistercienser verschmähten.
***) S. oben S. 14 Anmerkung.
†) Scapulare, Scapularium, Skapulier: es bedeckt die Schultern und reicht mehr oder weniger weit über die Knie oder bis auf die Knöchel herab; seine Breite beträgt etwa 30—40 cm. Ursprünglich diente es dazu, den Habit bei der Arbeit zu schonen. Vgl. „Cistercienser-Chronik" (Mehrerau) 12. Jahrg. S. 314 die Abbildung. Wie vorne, geht auch über den Rücken hinunter ein gleich breiter Tuchstreifen, bei den Cisterciensern von schwarzer Farbe. Darüber wird das Cingulum angelegt.
*†) Unter Cilicium ist ein härenes Busshemd zu verstehen, welches begreiflicherweise der Haut nicht angenehm war. Der Name soll von der Landschaft Cilicia herstammen, weil dort die Büsser zuerst solche aus Kameel- oder Ziegenhaaren verfertigte Hemden tragen. Im Cistercienserorden waren dergleichen Hemden nicht vorgeschrieben, und S. Bernhard hatte sich diese Abtötungsart freiwillig auferlegt. Heute versteht man unter Cilicium gewöhnlich nur einen breiten Streifen, einen Gürtel, der aus stacheligem Draht oder eisernen Kettchen besteht und um die Lenden, Arme oder Beine getragen wird.

blossem Leibe getragen; doch sobald diese Selbstgeisselung bekannt geworden, hatte er dieses Marterhemd wieder abgelegt, aus Furcht, es möchte diese übermässige Strenge als regelwidrig angesehen werden*). Erst mit dem beginnenden Verfall schleicht sich die Erlaubnis ein, ausserhalb des Klosters Mäntel über den Kukullen zu tragen; und 1493 sehen wir diese Abweichung, die vorher selbst Äbten untersagt gewesen, nun für jeden Mönch gestattet. Hinzufügen wollen wir noch, dass die Tracht der Cistercienser im 12. und 13. Jahrhundert von der allgemein üblichen weniger abwich, als man heutzutage insgemein annimmt; so trugen die Landleute allgemein die Kapuze, und 1250 versprachen die Mönche von Clairvaux einem ihrer Wohltäter jedes Jahr ein Kleid von demselben Stoffe zu liefern, dessen sie sich selbst bedienten, was dafür spricht, dass die Ordenstracht von der weltlichen nur wenig abweichen konnte. Mit dem Verbot, schwarze oder mehrfarbige Gewänder zu tragen, untersagte man den Mönchen von Clairvaux nur einen Luxus, der im Mittelalter bloss den Reichen gestattet war; auch wollte man einen Unterschied zwischen ihnen und den Benediktinern, besonders den Cluniacensern, auch äusserlich bemerkbar machen.

Die L a i e n b r ü d e r trugen wie die Mönche Tunika, Schuhe und Strümpfe, nur die Kukulla war durch einen wollenen, wahrscheinlich etwas kürzeren Mantel (cappa) ersetzt. Dazu kam die Kapuze, die in der Regel nur Kopf und Schultern decken sollte; nur den Kuh- und Schafhirten, sowie den Fuhrleuten und Kärrnern war mit Genehmigung des Abtes eine grössere Kapuze erlaubt. Die Schmiede durften ein Hemd, die Maurer Lederhandschuhe tragen; stoffene Halbhandschuhe, welche die Finger zum Teil unbedeckt liessen, waren den Fuhrleuten, Fischern und Winzern erlaubt. Auch durften die Laienbrüder in gewissen Fällen Stiefeln tragen.

Wir wollen zwar keine Kritik an diesen harten Bestimmungen üben; auffallend und erwähnenswert ist indes der geringe Sinn für Reinlichkeit, der sich bei den ersten Cisterciensern bekundet; ja, nach Caesarius von Heisterbach scheinen sie sogar den Schmutz als eine ihrer Haupttugenden angesehen zu haben. Er erzählt: „Ein berühmter

---

*) In Stabell, Lebensbilder der Heiligen (Schaffhausen 1865) II. B. S. 245 lese ich: „Ihre (d. i. der Cistercienser) Kleidung war so armselig, dass sich vor Flick an Flick keine Form und keine Farbe erkennen liess; ihre Schuhe waren so zerrissen, dass sie mit Schnüren zusammengehalten werden mussten; ihr Brot war so schlecht, dass ein vornehmer Fremder, der einst an ihrem Mahle teilnahm, beim Anblick desselben Thränen vergoss. Die übermässige Lebensstrenge machte den jungen Abt (S. Bernhard) zu einer wandelnden Leiche und zog ihm eine schwere Krankheit zu, deren Folgen nur dadurch beseitigt wurden, dass ihn sein Freund, Bischof Wilhelm von Chalons, der ihn zum Abt geweiht, ein ganzes Jahr bei sich behielt".

Ritter trat in den Cistercienserorden ein. Eines Tages ermahnte er einen befreundeten Ritter, ebenfalls Mönch zu werden; doch, derselbe antwortete ihm mit einer gewissen Verachtung: „„Ich würde gerne bei Euch eintreten, wenn ich nicht das viele Ungeziefer in Euren Kleidern fürchtete"". „„Was?"" — lachte ihn der andere aus — „„Du, der du in den Kriegen der Welt, die der Teufel entfacht, das Schwert des Feindes nicht gefürchtet, du scheust dich vor Flöhen im Gefolge Christi?"" Der andere schwieg; doch antwortete er später — mit dem Eintritt in den Orden. Einst begegneten sich die beiden in der St. Peterskirche zu Cöln. Als der ältere Mönch den anderen nach der Regel begrüsst, fragte er ihn lächelnd: „„Nun, mein Lieber, fürchtest du die Flöhe noch immer?"" Der verstand aber die Anspielung und erwiderte: „„Und wenn das Ungeziefer aller Mönche auf mir vereinigt wäre, es könnte mich doch nicht mehr aus dem Orden herausbeissen!"" Über diese Antwort war der ältere Cistercienser sehr erbaut und hat sie in der Folge oft wieder erzählt zur Erbauung seiner Zuhörer" (Caesarius, Dialog. mir. IV. cap. 48 apud Bibl. patr. Cist. II, 98). —

Von der Regel St. Benedikts, die zur Nachtruhe nur Strohsack, Kopfpolster und zwei Decken gestattete, war man am Ende des 11. Jahrhunderts abgekommen; die Cistercienser jedoch beschlossen, sich genau an sie zu halten. Demzufolge waren Matratzen nur den Kranken zugestanden. Hinzufügten sie noch, dass das Kopfpolster nicht über $1^1/_2$ Schuh Länge haben sollte; auch sollte man keine Matratze auf die Reise mitnehmen ohne Genehmigung des Generalkapitels. Auf der Reise war eine Matratze nur in Ermangelung eines Strohsackes erlaubt; ja, die Mönche mussten völlig angekleidet und mit den Schuhen sich niederlegen. Papst Eugen III. (1145—1153), ein früherer Cisterciensermönch, legte die Tunika und die wollene Kukulla nie ab; des Tags trug er sie unter seinen päpstlichen Gewändern, selbst auf der Reise, des Nachts legte er sich in ihnen zur Ruhe, so im Innern seine alten Mönchsgebräuche beibehaltend, während er nach Aussen in Tracht und Wesen seiner hohen Würde nie etwas vergab. In seinem Schlafgemach lagen wohl reichgestickte Kissen, und sein Bett war mit einer Purpurdecke überzogen; aber hätte man letztere aufgehoben, so hätte man darunter groben Wollstoff entdeckt, der ein Bund Stroh umschloss.

Die Cisterciensermönche durften auf keinen Fall in Zellen schlafen, wie es bei anderen Orden Brauch war und auch bei den Cisterciensern von Anfang des 14. Jahrhunderts an üblich ward und trotz wiederholter Verbote bis ins 18. Jahrhundert fortgesetzt wurde. Die ersten Cistercienser dagegen beobachteten die Regel St. Benedikts, der wenigstens für die Mönche ein gemeinsames Schlafgemach vorschreibt, aufs genaueste. In erster Linie bot ein solches eine gewisse Garantie für sittliches Wohlverhalten, weshalb es auch beleuchtet sein musste; ferner war es speziell von Wichtigkeit für das pünktliche Erscheinen der Mönche bei den Horen, indem es das Fehlen der Einzelnen aus Nachlässigkeit unmöglich machte. Deshalb war es den Mönchen auch untersagt, auf längere Zeit abgelegene Wirtschaftsgebäude zu bewohnen, und kein Abt sollte Mönche an solche Orte senden ausser auf kurze Zeit oder während der Ernte. Aus demselben Grunde mit befassten sich die ersten Cistercienser auch nicht mit Seelsorge.

Die Laienbrüder, von denen nur ein Teil im Kloster wohnte, der Rest dagegen auf den zugehörigen Meierhöfen hauste, konnten demnach kein gemeinsames Schlafgemach haben; doch schliefen immer mehrere zusammen. Nur die Schafhirten brauchten die Nacht nicht in der Abtei oder ihrer Meierei zuzubringen, doch durfte sie der Abt davon nur entbinden, wenn der Weideplatz zuweit vom Kloster oder dem betreffenden Meierhof entfernt war und das Generalkapitel die Notwendigkeit der Ausnahme konstatiert hatte. Infolge dessen ist im Cartularium von Clairvaux des öfteren von Schäferkarren die Rede, in denen die Schäfer zur Beaufsichtigung der Herden die Nächte zubrachten.

Die Schlafräume waren nicht geheizt. Die Einrichtung von Kaminen in den Schlafsälen scheint erst im 15. Jahrhundert stattgefunden zu haben, ein Missbrauch, dessen Abstellung das Generalkapitel befahl, indem es anordnete, dass die Mönche, die an Frost litten, sich in einem besonders zu diesem Zweck geheizten Saal aufhalten sollten, in dem Calefactorium.

Wir schliessen hiermit diesen Abschnitt über das Leben der Mönche in den Cistercienserklöstern und gehen nun zur Schilderung der Ordensleitung und der Klosterämter in den Cistercienserklöstern über

II. Ordensleitung und Klosterämter bei den Cisterciensern.

Die Regel S. Benedikts enthält nur den Anlageplan für ein einzelnes Kloster. Die Beobachtung derselben in der Mehrzahl der europäischen Klöster seit der Zeit der Karolinger schlang um dieselben ein Band der Brüderlichkeit, und es war für die christliche Welt ein erhebendes Schauspiel, diese Menge kleiner Körperschaften trotz der Verschiedenheit der Nationalität und des Klimas einen einheitlichen Typus tragen zu sehen. Die durch diese Gleichmässigkeit gekennzeichnete Gemeinschaft nannte man „Benediktinerorden". Doch waren die Beziehungen, die diese Gleichmässigkeit unter Söhnen des gleichen Vaters herstellte, die aus ihrer Interessengemeinschaft hervorgegangen, nur sehr oberflächlicher Natur. Jede Benediktinerabtei hatte ihr

Regiment für sich, unabhängig von den anderen, und S. Benedikt hatte keine Zentralgewalt geschaffen, um die einzelnen der Regel unterworfenen Klöster wieder unter sich in Beziehung zu setzen und zu verbinden. Dies hatte schwerwiegende Unzuträglichkeiten im Gefolge. Der Vorstand jedes Klosters, der als Abt, d. h. Vater, mit einer Gewalt bekleidet war, die nur Gott über sich anerkannte, konnte dieselbe missbrauchen und zum Tyrannen werden. In diesem Falle hatten die Mönche dann kein Mittel, dieser Gewaltherrschaft zu steuern; denn es bedurfte sehr schwerwiegender Beweggründe, um den Mönchen die Berechtigung zu verleihen, ihre Klagen gegen den Abt vor den Stuhl des Diözesanbischofs oder des Papstes zu bringen.

Der Abt konnte aber auch, anstatt ein Tyrann zu sein, im Gegenteil der nötigen Festigkeit ermangeln, und wenn er dann nicht eine höhere und stärkere Gewalt hinter sich hatte, die ihn unterstützte, in sich selbst nicht die nötige Energie finden, lässige und wenig eifrige Mönche zur Beobachtung der Bestimmungen anzuhalten, zu der sie ihr religiöses Gelübde verpflichtete. Diese Gefahr war noch drohender als die erste. Die Gewalt ohne Kontrolle, wie sie die Regel S. Benedikts schuf, lief dem menschlichen Geist allzusehr zuwider, als dass sie lange Bestand gehabt hätte; allerorten lehnte sich die demokratische Macht der Mönchsgemeinde gegen die aristokratische Gewalt des Abts auf. Kein Entscheid des Abts von grösserer Bedeutung war geltend ohne Genehmigung des Konvents; demnach war die Macht, mit der der Abt durch die Regel S. Benedikts bekleidet war, um den strengen Überlieferungen der Einrichtung des Mönchslebens Geltung zu verschaffen, in Wirklichkeit fast gleich Null. Daher rührt auch die Erkaltung des anfänglichen Eifers, die sich in den Klöstern allmählich einschlich und schliesslich den schwächlichsten Verirrungen Tür und Tor öffnete. Die Reformatoren, die den Cistercienserorden gründeten, wollten einem derartigen Verfall vorbeugen, sie nahmen daher den Mönchen die angemasste Gewalt und gaben sie dem Abt zurück, damit er sie, wie im Anfange, zur Leitung der ihm anvertrauten Gemeinschaft anwende; doch, indem sie den Untergebenen das Recht, die Tätigkeit des Vorgesetzten zu überwachen, nahmen, verkannten sie die Notwendigkeit einer Überwachung, die die Regel S. Benedikts zu verordnen unterlassen, nicht im mindesten, nur legten sie die Befugnis dazu in andere Hände. Das Generalkapitel, das über den ganzen Orden gesetzt war, das vermöge seiner hohen Stellung lokale Strömungen beherrschen konnte, das sich durch Tüchtigkeit und lange Erfahrung in jene höhere und reinere Sphäre sich erheben sollte, wohin der Schrei menschlicher Leidenschaft nicht reicht, ward damit betraut, über die genaue Beobachtung der von den

Heiligen Robert, Bernhard und Stephan ihren geistigen Söhnen hinterlassenen Grundsätze zu wachen; es musste mit der Zuchtrute in der Hand ihre Erhaltung durch den Lauf der Jahrhunderte hindurch sicherstellen. So wurde das Kloster Citeaux der Mittelpunkt eines Staates, der vom Ufer des Jordans bis an die Gestade des atlantischen Ozeans, von den eisigen Küsten Schwedens bis zu Spaniens und Siciliens ewig blauem Himmel reichte, der in so verschiedenen Gegenden, inmitten von unabhängigen, ja, oft sich feindlich gegenüberstehenden Nationen, seine Gemeinschaft der Interessen, der Leitung und der Tätigkeit bewahrte. Der Cistercienserorden bildete, um einen terminus technicus zu gebrauchen, eine K o n g r e g a t i o n.

Das Generalkapitel der Cistercienser ward 1119 gegründet. Die Zahl der Cistercienserabteien belief sich damals auf 13, in erster Linie die 5 Mutterabteien, nämlich: Citeaux und La Ferté, Pontigny, Clairvaux und Morimond; ferner Preuilly, Trois-Fontaines, La Cour-Dieu, Bonneval, Bouras, Cadouin, Fontenay, Mazan. Man fühlte das Bedürfnis, den schon zerstreuten Gliedern dieses grossen Körpers, dessen gewaltige Entfaltung man voraussah, ein Haupt zu geben. Die zu Citeaux versammelten Äbte verfassten die ursprüngliche Ordenskonstitution, die C h a r t a c a r i t a t i s, ein bewundernswertes Denkmal, das die Jahrhunderte nicht zu zerstören vermochten und das bis zuletzt die Basis der Organisation der Cistercienser blieb; denn die Männer, die sie verfasst, waren ebenso weise als gottesfürchtig. Das 3. von den 5 Kapiteln der Charta caritatis setzt die Einrichtung des Generalkapitels fest und versieht die neue Institution zugleich mit Vorschriften. Wir lesen daselbst:

„Alle Äbte unseres Ordens sollen sich jährlich einmal nach Citeaux begeben, um dem Generalkapitel anzuwohnen. Nur zwei Versäumnisgründe sind gültig, nämlich einmal Krankheit, doch sollen die Erkrankten in diesem Falle einen Eilboten senden, der das Generalkapitel von ihrer Unfähigkeit, sich von Ort und Stelle zu entfernen, zu benachrichtigen habe; der andere Entschuldigungsgrund sei zu grosse Entfernung. Wer in zuweit entfernten Ländern wohnt, braucht nur zu den vom Generalkapitel festgesetzten Terminen zu erscheinen. Fehlt ein Abt beim Generalkapitel aus einem anderen Grunde, als die beiden angeführten, so soll er beim nächsten um Verzeihung bitten, und man soll ihm eine strenge Strafe auferlegen". — „Die im Generalkapitel versammelten Äbte sollen sich mit dem Seelenheil der ihrer Obhut Anvertrauten beschäftigen. Sie sollen untersuchen, ob die Regel S. Benedikts und die Ordenssatzungen verletzt sind und in diesem Falle die Rückkehr zu diesen heiligen Bestimmungen anordnen. Wenn neue Bestimmungen nötig, werden sie dieselben treffen; wenn der Friede und die Nächstenliebe, die unter uns herrschen sollen, gestört sind, werden sie alles aufbieten, dieselben wieder herzustellen". — „Wenn ein Abt die Regel vernachlässigt, sich zu sehr mit weltlichen Dingen befasst, oder man ihm sonst einen Verstoss zum Vorwurf machen kann, so soll man ihn anklagen, doch nicht in gehässiger Weise; er soll um Verzeihung bitten und die über ihn verhängte Strafe hinnehmen. Nur Äbte jedoch dürfen diese Anklage erheben". — „Wenn zwischen zwei Äbten ein Zwist ausbricht, oder wenn ein Abt einen so schweren Fehler begangen, dass er suspendiert oder abgesetzt zu werden verdient, so soll die Entscheidung des Generalkapitels unverweigerlich beachtet werden". — „Wenn die Meinungen geteilt sind, soll sich alles der Stimme des Abts von Citeaux und derjenigen Glieder des Generalkapitels anschliessen, die am weisesten und urteilsfähigsten erscheinen. Die Interessierten aber dürfen an der Beratung nicht teilnehmen". —

Ausser der Sessionszeit des Generalkapitels hatte der Abt von Citeaux alle anderen Cistercienserabteien zu überwachen, sowie die Äbte von La Ferté, Pontigny, Clairvaux und Morimond ihre betreffenden Tochterklöster. Doch die von diesen Würdenträgern getroffenen Entscheidungen waren keine endgültigen, sie konnten durch das Generalkapitel abgeändert werden, wenn man die Autorität missbraucht hatte.

Die ursprünglichen Vorschriften für das Generalkapitel entfalteten sich im Laufe der Zeit weiter, wurden modifiziert und abgeändert. So hörte das Generalkapitel von 1477 an auf, sich jährlich zu versammeln. Im Jahre 1605 wurde festgesetzt, dass es alle 4 Jahre zusammentreten sollte, und einige Jahre später bestimmte Alexander VII., dass es alle 3 Jahre stattfinden sollte. Zu jener Zeit war der Orden schon in einem Zustand des Verfalls, von dem er zu der Zeit, mit der wir uns beschäftigen, noch weit entfernt war. Doch finden wir im 13. Jahrhundert schon den Anfang davon: man setzte dem Generalkapitel Provinzialkapitel an die Seite; die ältesten, die wir kennen, sind die von England und Irland, sie gehen bis ins Jahr 1248 zurück. Im 15. Jahrhundert waren diese Provinzialkapitel sehr zahlreich geworden. Ihr Bestand ermöglichte ein weniger häufiges Zusammentreten der Generalkapitel und bewirkte so eine allmähliche Lockerung des Alle einenden Bandes.

Früher brauchten die Äbte aus Syrien und Palästina nur alle 7 Jahre zum Generalkapitel zu erscheinen, diejenigen von Norwegen, Griechenland und Livland alle 5 Jahre, die von Irland, Schottland, Sicilien, Portugal und Wales alle 4 Jahre, die von Ungarn, Friesland, Leon und Castilien alle 3 Jahre, die von Aragonien, Catalonien und

Navarra alle 2 Jahre. Diese Liste ist nicht vollständig. So fehlen die Äbte von Dänemark, Schweden, Polen, Böhmen und alle diejenigen, die eine Seefahrt machen mussten, auf dieser Liste, und wir können darum die Fristen, binnen deren sie zum Generalkapitel erscheinen mussten, nicht angeben. Für die Äbte aus Frankreich, Deutschland und Italien war jährliches Erscheinen vorgeschrieben. Die Äbte, die beim Generalkapitel fehlten, mussten zur Strafe alle Freitage bei Wasser und Brot fasten und ihren Abtstuhl meiden, bis das Generalkapitel anders bestimmte. Ja, durch zwei Generalkapitel war ihnen sogar das Messelesen verboten. Im darauffolgenden Jahre mussten sie dann um Verzeihung bitten, andernfalls sie ihres Amtes entsetzt wurden.

Bis zum Jahre 1440 fand das Generalkapitel jährlich im September statt; 1439 hatte man beschlossen, in der Folge das Generalkapitel während der Bittage abzuhalten; dieser Zeitpunkt erschien geeigneter, weil er nicht in die Ernte fiel. Die Herden waren noch in ihren Winterstallungen, und man hatte weniger missliche Zufälle zu befürchten. Auch wüteten die Seuchen gewöhnlich erst später, im Sommer. Vor dieser Béstimmung musste man am 12. September vor der Terz in Citeaux eingetroffen sein; denn das Generalkapitel nahm noch am gleichen Tage seinen Anfang. So schrieb es das Generalkapitel von 1211 vor, und so war es von 1212 an im Brauch. Noch früher waren die Äbte am 13. September, dem Fest der Kreuzeserhöhung, eingetroffen und das Generalkapitel an diesem Tage zusammengetreten.

Die Äbte, mit ihren weissen Kukullen bekleidet, rangierten nach dem Alter ihrer Abteien. Einfache Mönche hatten keinen Zutritt, nur die Prioren, die von ihren Äbten zur Vertretung gesandt, waren zugelassen. Den Vorsitz führte der Abt von Citeaux. Er sprach im Sitzen, die anderen stehend. Er verkündigte auch die Beschlüsse. Am Ende des 12. und zu Anfang des 13. Jahrhunderts fügte er diesen Ehrenrechten noch ein anderes Recht hinzu, das seinen Einfluss beträchtlich erhöhen musste: er ernannte die „Definitoren", d. h. diejenige Kommission des Generalkapitels, welche die Beschlüsse des Generalkapitels zu redigieren hatte. Zum ersten Mal wird dies Recht 1197 erwähnt. In den Institutionen des Generalkapitels von 1246 ist ebenfalls die Rede davon; der Abt von Citeaux musste indessen bei der Wahl die 4 Äbte von La Ferté, Pontigny, Clairvaux und Morimond zu Rate ziehen; doch war er an ihre Meinung nicht gebunden. Im Jahre 1265 bestimmte Papst Clemens IV., dass jeder dieser Äbte aus der Zahl der Äbte seiner Tochterklöster 5 Kandidaten vorschlüge, aus denen der Abt von Citeaux 16 Definitoren wählen sollte, zu denen er noch 4 aus seinen eigenen Tochterklöstern hinzufügte; zu diesen 20 kamen dann noch er und die vier erstgenannten

Äbte hinzu, was die Zahl der Definitoren auf 25 erhöhte. Bei den Beschlüssen der Definitoren entschied Stimmenmehrheit. Im Falle die Meinungen geteilt waren, hatte der Abt von Citeaux die entscheidende Stimme. Die Definitoren waren von grosser Bedeutung im Cistercienserorden, da das Generalkapitel, das nur sehr kurze Sessionen hatte, sich wieder trennte, ehe die getroffenen Entscheide und Beschlüsse von den Definitoren in die endgültige Fassung gebracht waren; doch musste diese Fassung vom nächsten Generalkapitel genehmigt sein, um Gesetzeskraft zu erlangen.

Das Generalkapitel dauerte 5 Tage, den Tag der Ankunft und Abreise miteingerechnet. Man begann mit einer Messe ("Sanctus Spiritus") und schloss mit einem Gebet für Philipp I. von Frankreich, in dessen Reich und unter dessen Regierungszeit Citeaux gegründet worden war, für den König von England und Aragonien, den deutschen Kaiser und den Herzog von Burgund. — Während der Dauer der Session lebten die Mitglieder des Generalkapitels nebst ihrem Gefolge auf Kosten der Abtei Citeaux, während der Hin- und Rückreise wurden sie beherbergt und verköstigt auf Kosten der Ordenshäuser, die auf ihrem Wege lagen. Es war dies eine schwere Last für Citeaux und die benachbarten Abteien.

Clairvaux empfing manche Stiftungen zum Zweck des Unterhalts der Gäste, die das Generalkapitel ihm brachte, sowohl zur Aufnahme in der Abtei selbst, wie in den der Abtei gehörigen Wohnhäusern in der Nähe, besonders in dem Haus, welches das Kloster in Dijon hatte, um den Abt in der dem Generalkapitel voraufgehenden Nacht und in der seiner Abreise von Citeaux folgenden zu beherbergen. Im Jahre 1210 gibt Jorinz von Bèze dem Kloster Clairvaux für dessen Haus in Dijon einen Sack Salz als Rente, für die dort vorübergehend weilenden Abte. Im gleichen Jahre stifteten der Kürschner Alard und der Wirt Fauconnet für das gleiche Haus eine Rente von 200 Eier, zahlbar am Tag der Ankunft der Äbte, die sich zum Generalkapitel begeben wollten. Im Jahre 1216 gab Simon von Joinville der Abtei Clairvaux das Recht, 3 Tage vor und nach dem Generalkapitel in allem ihm gehörigen Gewässern, ausgenommen die Teiche, zu fischen für die Äbte, die zum Generalkapitel reisten, und 1228 verpflichtete sich Graf Raimund von Toulouse, der Abtei 500 Mark Silber zum Ankauf von Einkünften zu zahlen, die dazu verwendet werden sollten, die Äbte und Brüder zu verköstigen, die sich an Mariä Geburt, am 8. September, also 4 Tage vor dem Generalkapitel, nach Clairvaux begeben.

Um zu verhindern, dass diese Gastfreiheit den Klöstern zu hohe Ausgaben auferlegte, setzte man die Zahl der Pferde fest, die jeder zum Generalkapitel ziehende Abt mit sich führen durfte. Diese Zahl wurde anfänglich auf 4 festgesetzt für die Äbte von La Ferté, Pontigny, Clairvaux und Morimond, auf drei für den Abt von Savigny, auf 2 für alle anderen Äbte. Später durften die Letzteren 3 Pferde, ja, noch ein viertes für ihren Sekretär, mit sich führen, wenn sie dazu ermächtigt waren, sich von einem solchen begleiten zu lassen. —

Die Regel S. Benedikts spricht mit erhabenen Worten von der Würde des Abts und den Pflichten, die sie ihm auferlegt. Der Abt ist der Stellvertreter Christi; er trägt seinen Namen, denn nach dem Apostel Paulus (Gal. 4, 6) rufen wir Christum an mit Abba, was soviel heissen will, wie „lieber Vater". Der Abt hat die Seelen seiner Untergebenen zu leiten; er muss einst Rechenschaft über sie ablegen, dazu noch über den Zustand seiner eigenen Seele.

Der Abt ernannte die Beamten des Klosters, verhängte Strafen, erteilte Dispense, kurz, er hatte die höchste Leitung über Personal und Material. Doch, wie hoch auch seine Stellung war, der Regel war er ebenso gut unterworfen, wie die Mönche. Die Regel führt eigentlich im Kloster das Scepter, ihr haben alle zu gehorchen. — Der Abt unterschied sich in der Kleidung nicht von den Mönchen. Obwohl er eine besondere Küche führte und zu ihrer Bedienung 2 Brüder hatte, so war seine Nahrung keineswegs besser; auch er ass nur Gemüse. Der einzige Grund dieser Absonderung war die Notwendigkeit eines standesgemässen Empfanges von Gästen, ohne dass ihre Anwesenheit unter den Mönchen dieselben von ihren frommen Übungen abhalten sollte; mit den Gästen ass nur der Abt.

Der Abt sollte keinen Entscheid treffen, ohne die Älteren der Brüder zu Rate zu ziehen und in wichtigen Angelegenheiten sogar die ganze Gemeinschaft zum Rate zu versammeln.

Im Cistercienserorden war dem Abte jede Veräusserung von Immobilien ohne Befragen der Senioren (der älteren Mönche) verboten. Später musste er in solchem Falle sogar die Genehmigung des Generalkapitels einholen bei Strafe der Absetzung. Es war eben der Abt an die Meinung seiner Mönche nicht gebunden, weshalb eine andere Sicherstellung eintreten musste.

Die Unabhängigkeit des Abts von seinen Mönchen in den Cistercienserklöstern, die treu die Regel S. Benedikts befolgten, kam juridisch und diplomatisch in dem Faktum zum Ausdruck, dass nur der Abt, nicht aber die Gemeinschaft, ein Siegel führte. Im 12. und 13. Jahrhundert sieht man überall in Europa die Benediktinerbrüderschaften, die Domkapitel sich über die frühere Unterordnung unter die Äbte, bezw. Bischöfe hinwegsetzen und Siegel gebrauchen, die von denen der Äbte und Bischöfe sich unterschieden. „Jede Brüderschaft, die ein Siegel hat, soll es zerbrechen", sagt ein Statut des Generalkapitels von 1218. Erst im 14. Jahrhundert ward diese Bestimmung aufgehoben; jede Cisterciensergemeinschaft durfte nun ein Siegel haben, dessen Beidruck bei Veräusserungen und Anleihen nötig war.

Die Siegel der Gemeinschaft sollten das Bild Marias tragen. Auf die Abtssiegel gravierte man seit 1200 das Bild des betreffenden Abtes mit dem Krummstab in der Hand. Vorher hatte es keine Vorschriften über diesen Punkt gegeben. S. Bernhard bediente sich eines Siegels, in welches eine Hand mit dem Krummstab eingraviert war, mit der Umschrift: „Sigillum Abbatis Clarevallis". Im Jahre 1151 ward es durch einen ungetreuen Sekretär entwendet und an seiner Statt ein neues angefertigt, dessen Matrize sich heute im Museum von Rouen befindet. Man sieht darauf den Heiligen in effigie, in der einen Hand eine Rolle, in der anderen den Krummstab haltend; die Umschrift laut: „Sigillum Bernardi abbatis Clarevallis". Anfangs bewahrte man die Siegel der verstorbenen Abte auf. Erst vom 14. Jahrhundert an war es Vorschrift, sie zu zerbrechen, was jeweils in feierlicher Weise im Augenblick der Wahl des neuen Abts geschah.

Im 15. Jahrhundert gerieten die meisten Cistercienserabteien in Abhängigkeit und wurden durch eine verhüllte Konfiskation, die noch unheilvoller war als die von 1790 zur Zeit der französischen Revolution, der meisten Güter und der wertvollsten Einkünfte beraubt, indem weltliche Grosse die Abtstühle einnahmen. Der päpstliche Stuhl duldete diesen Unfug, der infolge der Ernennung durch den König bis zur Revolution anhielt. Vorher waren die Äbte gewählt worden in erster Linie durch die Mönche ihres Klosters, wie es die Regel S. Benedikts vorschrieb. Doch die Satzungen der Cistercienser übertrugen auch den Tochterklöstern bei der Vakanz des Abtstuhles im Mutterkloster Wahlrechte, da auch sie von dem zu wählenden Abte abhingen.

Die Äbte der Hauptklöster (Citeaux, La Ferté, Pontigny, Clairvaux und Morimond) übten ihre Gewalt nicht nur im Innern derselben aus, sondern sie besassen auch ein solches Übergewicht über ihre Tochterklöster, dass ihnen dasselbe in dringenden Fällen während der Zwischenräume zwischen den jeweiligen Generalkapiteln über diese Tochterklöster eine fast schrankenlose Gewalt einräumte; sie konnten sogar einen Abt, der die Grundgesetze des Ordens verletzte, brevi manu absetzen. Um jedoch dieser Absetzung Giltigkeit zu verleihen, mussten ihr vier Verwarnungen vorausgehen, auch musste sie in einer Versammlung aller Ordensäbte, die zu diesem Zwecke zu berufen war, verkündet werden durch den Abt des Mutterklosters. Während der Vakanz leitete der Abt des Mutterklosters die Geschäfte der verwaisten Abtei. Legte ein Abt freiwillig sein Amt nieder, so musste diese Demission durch den Abt des Mutterklosters in einer gleichen Versammlung angenommen werden. Der Abt des Mutterklosters hatte jährlich in eigener Person oder im Verhinderungsfalle durch einen von ihm delegierten Abt des Ordens die Tochterabteien zu visitieren; er hatte das Recht, über die Urheber von Zuwiderhandlungen gegen die Regel Strafen zu verhängen und ohne weitere Förmlichkeit Priore oder andere beamtete Mönche abzusetzen, die sich ein tadelnswertes Betragen hatten zu Schulden kommen lassen.

Man begreift daher den Einfluss dieser 5 Hauptklöster im Cistercienserorden, da alle anderen Cistercienserabteien der Welt ihre Tochterabteien waren.

Die Äbte von Clairvaux im 12. und 13. Jahrhundert waren folgende:

1. S. Bernhard (1115—1153).
2. Robert von Bruges (1153—1157).
3. Fastredus (1157—1161); wurde später Abt von Citeaux und starb in Paris 1164. Er hatte sich zuerst seiner mit Einstimmigkeit erfolgten Wahl durch die Flucht entzogen und erst durch eine Vision zur Annahme der Abtswürde bewegen lassen. Erwähnenswert ist seine Teilnahme an den Verhandlungen bei der Doppelwahl Alexander III. und Octavius' und an dem Kriege zwischen Friedrich Barbarossa und Mailand.
4. Gottfried (1161—1165); war ehemals Sekretär des hl. Bernhard. Er schrieb 3 Bücher über das Leben S. Bernhards, eine Predigt für seinen Todestag und eine Abhandlung über das Hohe Lied Salomonis.
5. Ponze (1165—1170); war Gesandter Alexander III. an Friedrich Barbarossa und starb als Bischof von Clermont.
6. Gerhard (1170—1175); starb als Märtyrer. Vgl. S. 7.
7. Heinrich (1176—1179); schrieb mehrere Briefe und eine Abhandlung „De peregrinante civitate Dei" und war Kardinalbischof von Albano.
8. Peter (Pierre le Borgne, 1179—1186).
9. Garnier von Rochefort (1186—1193); wurde 1193 Bischof von Langres, wirtschaftete aber als solcher schlecht und ward darum von seinem Kapitel beim Papst verklagt; legte 1198 sein Amt nieder, um in Clairvaux in der Zurückgezogenheit sein Leben zu beschliessen. Er starb 1216. Es existiert von ihm eine Predigtsammlung, auch hinterliess er ein Wörterbuch, der „Angelus" genannt, weil Angelus das erste Wort war.

— 49 —

10. Gui (1193—1214); Schiedsrichter zwischen dem König von Frankreich und dem Erzbischof von Rouen (1198). Er wies 1204 die Wahl zum Erzbischof von Rouen zurück.
11. Conrad (1214—1217); stammte aus dem Geschlecht der Herzöge von Thüringen und war der Sohn des Grafen Eginon. Im Jahre 1217 wurde er Abt von Citeaux, und 1219 erhob ihn Honorius III. zur Kardinalswürde. Nach dessen Tode wies Conrad die Tiara zurück und lenkte die Wahl auf Gregor IX. Er vermittelte den Frieden zwischen Philipp August und Heinrich III. von England in Gemeinschaft mit dem Abt von Citeaux, als er noch in Clairvaux war, und befasste sich mit der Angelegenheit der Albigenser; es existiert eine Urkunde aus der Belagerung von Toulouse, aus der hervorgeht, dass er mit Simon Montfort an dieser Belagerung teilgenommen hat. Er starb 1227 auf dem Kreuzzuge.
12. Wilhelm I. (1217—1221); Honorius III. sandte ihn als Legat an Philipp August.
13. Robert II. (1221—1223).
14. Lorenz (1223—1224).
15. Raoul (1224—1233); wurde später Bischof von Agen und 1235 Erzbischof von Lyon.
16. Dreux (1233—1235).
17. Ebrard (Eberhard, 1235—1238); vermittelte als Legat Gregor IX. den Frieden zwischen Ludwig dem Heiligen und dem Grafen Thibaut IV., der zugleich König von Navarra war.
18. Wilhelm II. (1238—1242); derselbe war einer von den Klerikern, die Friedrich II. auf ihrer Fahrt zum Konzil (1240) aufgreifen liess. Damals bestimmte das Generalkapitel, dass täglich Mönche und Laienbrüder gewisse Gebete für die Gefangenen sprechen sollten und alle ihre Auslagen aus dem gemeinsamen Ordensvermögen zu bestreiten seien. — Er starb in der Gefangenschaft.
19. Stephan von Lexinton (1242—1257); derselbe gründete das Kollegium S. Bernhard in Paris, was der Grund seiner Absetzung gewesen sein soll (?). Er starb zu Clairvaux in dem Augenblick, als die Nachricht seiner Ernennung zum Erzbischof durch den Papst eintraf.
20. Johann I. (1257—1262); wurde Erzbischof von Mytilene.
21. Philipp (1262—1273); derselbe focht die Wahl Jakobs, des Abts von Citeaux, an und erregte dadurch schwere Zwistigkeiten im Orden. Den Bischofsstuhl von S. Malo, den ihm der Papst anbot, um mit seiner Entfernung aus dem Orden den

Frieden wiederherzustellen, wies er zurück; doch beruhigten
sich endlich die erregten Gemüter.
22. Bovon (1273—1280); er inspizierte 1275 auf Befehl des Generalkapitels die Ordensklöster in Ungarn.
23. Thibaut (de Saxey, 1280—1284); wurde später Abt in Citeaux.
24. Gerhard II. (1284—1286).
25. Johann II. (1286—1291); errichtete ansehnliche Neubauten, 2
Klöster und mehrere Säle in Clairvaux.
26. Johann III. (1291—1312); Bruder des Thibaut de Saxey.

Die beiden letzten Äbte und S. Bernhard sind die einzigen, die im 11. und 12. Jahrhundert in Clairvaux starben. S. Bernhard leistete der Gesamtkirche unermessliche Dienste und hat durch seine Tätigkeit nach aussen seinen Namen verewigt. Doch indem er sich während eines grossen Teiles seines Lebens mit Dingen befasste, die seinem Amte als Abt ferne lagen, gab er seinen Nachfolgern, die nicht seinen gewaltigen Geist besassen, ein Beispiel, das für die Entwicklung des Ordens verderblich war. Auch hatte das Beförderungssystem, das bei den alten Cisterciensern herrschend wurde, üble Folgen; denn es war die Ursache eines beständigen Wechsels der obersten Würdenträger der Abtei Clairvaux. Die 25 ersten Nachfolger S. Bernhards waren im Durchschnitt nur 6 Jahre im Amt. Da sie sich nun einerseits meist mit Angelegenheiten der Politik und Kirche befassten, hatten sie wenig Zeit für ihre klösterlichen Obliegenheiten, andererseits war ihre Regierungszeit viel zu kurz, um ein eingehendes Studium derselben zu gestatten. Es ist diese Tatsache einer der Hauptgründe des so raschen Verfalls des Cistercienserordens.

Gehen wir nun zum Amt des P r i o r s in den Cistercienser-klöstern über. Der Prior war, wie der Name andeutet, der zweithöchste Würdenträger des Klosters. Die Regel S. Benedikts nennt ihn Praepositus. Doch wurde letzterer Titel in der Folge nur noch in den Domkapiteln gebraucht oder zur Bezeichnung eines Beamten in einem weltlichen Orden. In der Cluniacenserordnung entspricht der Grossprior unserem Prior hier. Der Prior hatte wenige ihm speziell obliegende Pflichten. Er ist gewissermassen in jeder Hinsicht der Adjutant des Abts, sein erster Beistand und Ratgeber; auch vertritt er ihn im Falle der Abwesenheit. Nach der Regel S. Benedikts sollte er durch den Abt ernannt werden. Dieses Prinzip ward auch im Cistercienserorden aufrecht erhalten, ebenso war es in Clugny. Der Prior sollte auf keinen Fall gewählt werden; nur sollte der Abt vor der Ernennung des Priors sich mit gottesfürchtigen Mönchen zusammen beraten. In den Benediktinerabteien vertrat der Prior die Interessen der Gemeinschaft, wenn sie denen des Abts zuwiderliefen, daher es auch wahrscheinlich ist, dass die Mönche ihn wählten. Im 13. Jahrhundert ist dies auch in einigen Cistercienserklöstern im Widerspruch mit der Regel der Fall.

Die Namen der Prioren von Kloster Clairvaux im 11. und 12. Jahrhundert sind folgende:
1. Gautier; ward 1126 Abt in Morimond.
2. Humbert; gründete 1126 das Kloster Igny, dessen erster Abt er ward; 1144 legte er diese Stelle nieder und zog sich nach Clairvaux zurück, wo er 1148 starb.
3. Gottfried, Pathe S. Bernhards, ward 1118 Abt in Fontenay, legte aber später dieses Amt nieder und kehrte nach Clairvaux zurück, wo er zur Zeit der Verlegung der Abtei Prior war; 1139 ward er Bischof von Langres, gab aber später seinen Bischofsstuhl auf und starb in Clairvaux.
4. Gaufridus; ward 1140 Abt von Clairmarais.
5. Gottfried von Peronna; wies den Bischofsstuhl von Tournay zurück und starb 1146.
6. Rainer von Térouanne.
7. Philipp (1146—1156); war vorher Bischof von Tarent gewesen.
8. Hugo I (1156—1168).
9. Gerhard (1168—1179 und 1181—1190); ward 1190 Abt von Erbach in der Diözese Mainz.
10. Johannes I. (1179); „ein sehr strenger und pflichtgetreuer Mönch, einer der besten Sänger, ein unermüdlicher Arbeiter".
11. Garnier (de Rochefort, 1180); wurde Abt von Auberive und 1186 von Clairvaux.
12. Roger.
13. Tranquillus, um 1192.
14. Stephan, um 1198.
15. Gaufridus II. (1203—1208).
16. Johannes II. von Limoges.
17. Jakob, um 1208.
18. Mannet, um 1216; ward Abt von Clairmarais 1224.
19. Siger, um 1220. Vgl. Caesarius von Heisterbach in Bibl. patr. cist. II. 76.
20. Johannes III. (d'Aspre), 1223—1224.
21. Johannes IV. von Canterbury, um 1224.
22. Wilhelm I. von Montaigu, 1224; ward 1238 Abt von Citeaux.
23. Johannes V. von Gonesse, ward 1246 Abt von Auberive und starb 1264.
24. Peter I. von Bar, um 1238; ward 1244 Kardinal.
25. Peter II. von Ormoy, ward zum Abt von Melon in Spanien gewählt, nahm aber die Wahl nicht an und starb 1263.

26. Bernhard, um 1250.
27. Heinrich von Dommartin le France; ward Abt von Padula in Sardinien.
28. Wilhelm II. von Brüssel, vorher Sakristan der Abtei.
29. Hugo II. von S. Oyand, früher Karthäuser; legte sein Amt später nieder und kehrte wieder in seinen früheren Orden zurück.
30. Ponce de Reims, war Provisor des Kollegium S. Bernhard in Paris; 1259—1262.
31. Nikolaus von La Ferté, ward Abt von Auberive 1278 und starb 1299.
32. Thierry de Sully.
33. Thibaut de Saxey, ward 1280 Abt in Clairvaux, 1284 in Citeaux und starb 1293.
34. Paris von Bar war $19^3/_4$ Jahre Prior und starb um 1300. Er hatte die Abtei von Boulancourt zurückgewiesen. —

Nach dem Prior folgte der Subprior. Er hatte keine anderen Obliegenheiten, als den Prior in seiner Abwesenheit zu vertreten und ihn in der Ausübung seiner Amtspflichten zu unterstützen. Er nahm in den Cistercienserabteien ungefähr die gleiche Stellung ein, wie in Clugny der Prior claustralis. Der erste Subprior in Clairvaux war Eudes, ein Schüler S. Bernhards; er starb noch vor seinem Lehrer, und war von einer so bewunderungswürdigen Sanftmut gewesen, dass man noch 40 Jahre später, als das Exordium magnum Ordinis Cisterciensis *) geschrieben ward, mit den Ausdrücken höchsten Lobes von ihm sprach. — Erwähnenswert ist noch Gui um 1220, der 1224 Portarius ward. Seine Neffen schenkten für die Einkünfte des Portarius jeder eine lebenslängliche Rente von 2 Sester Weizen. —

Ein weiteres Klosteramt war das des Kantors. Der Kantor leitete den gesanglichen Teil des Gottesdienstes und besorgte die dazu nötigen Bücher. Er schrieb auch die Totenrollen und las sie im Kapitel vor der Absendung vor. Auch konnte er gleichzeitig noch Bibliothekar und Archivar sein. Zu seiner Unterstützung hatte er einen anderen Mönch, den „Succentor" an der Seite. Der Kantor war einer der ersten Würdenträger des Klosters; in Clugny hiess er Praecantor.

In Clugny war der Kantor zugleich Armarius **), Bibliothekar, weil ursprünglich die Klosterbibliotheken nur Gesangbücher

---

*) Der Verfasser dieses Werkes soll Conrad, der nachherige 9. Abt von Clairvaux, sein.
**) In den ältesten Schriften heisst die Bücherei armarium, daher das französische Wort armoire = Schrank; konnte man doch zu jener Zeit eine Bibliothek von der Einfachheit, wie sie die Cistercienser hatten, leicht in einem Schrank oder kleinen Zimmer unterbringen.

enthielten, deren Fürsorge ihm natürlich oblag. Im Cistercienserorden konnte der Abt beide Amter trennen und einen besonderen Armarius ernennen, was durch die Wichtigkeit des Amtes vollkommen gerechtfertigt war. Der Armarius war nun nicht blos ein Konservator, wie heutzutage, wo man die Bücher einfach kauft, er musste besonders die „Schreibmönche" beim Verfassen und Abschreiben der Bücher überwachen; auch war ihm das Archiv anvertraut. Er verfasste Urkunden und liess dann Abschriften davon anfertigen. —

Ein anderes Amt war das des Sakristans (Sacrista). Der Sakristan läutete zur Kirche, richtete die Uhr, öffnete des Morgens die Kirchentüren und schloss sie des Abends; endlich bereitete er die zur Abhaltung des Gottesdienstes notwendigen Gerätschaften vor. Besonders hatte er für die Beleuchtung — und zwar im ganzen Kloster — zu sorgen. Er hatte die Hostien zu backen, die Kelche zu reinigen und die Kirche zu fegen etc. Aus diesem Grunde war er von den Übungen und Arbeiten, die ihn in der Ausübung seiner Pflichten behindert hätten, dispensiert. Im Exordium magnum Ord. Cisterc. ist von einem Sakristan die Rede, der eines Abends, als er nach der Complet zum Gebet noch in der Kirche blieb, das Totenglöcklein läuten hörte, ohne dass eine Menschenhand es in Bewegung gesetzt hätte. Er sah es als ein Vorzeichen seines nahen Todes an und soll wirklich bald darauf gestorben sein. —

Die Unterweisung der in das Kloster eintretenden jungen Leute lag dem Novizenmeister (magister novitiorum) ob.

Die Regel S. Benedikts schreibt vor, dass, wenn ein junger Mann in ein Kloster eintreten will, er einem Greise, „geschickt, Seelen zu gewinnen", übergeben werden solle. Derselbe soll für ihn sorgen und sich dessen versichern, ob der junge Mann Gott im Ernst und in der Wahrheit suche. Dieser Greis ist der Novizenmeister. Er soll die Novizen in ihren Pflichten unterweisen, für ihre Bedürfnisse Sorge tragen, sie in Fällen der Lässigkeit, deren sie sich bei ihm anklagen, zur Strafe ziehen. Endlich wenn das Prüfungsjahr vollendet, soll er sie dem Abt zur Einsegnung vorstellen. Ein Novizenmeister von Clairvaux, der zur Zeit S. Bernhards lebte, war einer der angesehensten Mönche. Er wurde ausgesandt, mehrere Klöster zu gründen; auch habe er des öfteren Visionen gehabt, wie das Exordium magnum erzählt.

Ein sehr wichtiges Amt war auch das des Pförtners, Portarius. Nach der Regel S. Benedikts sollte jedes Kloster seinen Pförtner haben. Derselbe musste ein Mönch sein und, um seinen Pflichten pünktlicher nachkommen zu können, in einer Zelle neben der Klosterpforte hausen. Er musste vom frühen Morgen — von den Laudes an — bis in die sinkende Nacht nach der Complet auf seinem Posten sein, ausgenommen die Mahlzeiten, Messen und im Sommer die Zeit der Mittagsruhe; alsdann ward er durch einen anderen Mönch, den Unterpförtner, Subportarius, vertreten. Wenn ein Fremder an die Pforte pochte, so hatte ihm der Pförtner zu antworten: „Deo gratias"; dann hatte er zu öffnen, um seinen Segen zu bitten und nach seinem Begehr zu fragen. Wünschte der Fremde ins Kloster einzutreten, und konnte er nach der Regel zugelassen werden, so empfing ihn der Pförtner knieend; dann liess er ihn in seiner Zelle Platz nehmen und sprach: „Verzeiht einen Augenblick, ich will dem Abt Eure Ankunft kund tun; ich komme bald wieder", worauf er den Abt in allen Teilen des Klosters zu suchen hatte, bis er ihn gefunden oder von seiner Abwesenheit sich überzeugt hatte; im letzteren Falle hatte er sich an den Prior zu wenden. Der Abt oder Prior gaben ihm dann einen Mönch mit, der den Fremdling an ihrer Stelle empfangen sollte, wenn nicht der Rang desselben einen Empfang durch den Abt in Person nötig erscheinen liess. Kamen Pförtner und der ihn begleitende Mönch wieder zur Klosterpforte, dann knieten sie zu Füssen des Gastes nieder; der Mönch führte hierauf den Fremdling in die Kirche, betete mit ihm, las ihm vor, und erklärte ihm das Gelesene, darauf führte er ihn in die Fremdenherberge.

Der Pförtner war weiterhin auch mit der Verteilung der Almosen betraut. In Clugny gab es dafür einen besonderen Würdenträger, den Eleemosinarius; er besuchte sogar jede Woche einmal die Kranken in ihrer Behausung. War es ein Mann, so trat er ein; den Frauen liess er die nötige Hilfe durch einen Diener reichen. Die Cistercienser, deren Klöster immer von bewohnten Orten entfernt lagen, hatten diesen Brauch nicht eingeführt, weil er geeignet war, die Mönche von ihren eigentlichen Pflichten abzuziehen. Hülfe ward nur an der Klosterpforte gespendet. Der Pförtner musste stets Brot in seiner Zelle haben, um es im Notfalle an Vorübergehende zu verteilen. Im übrigen hatten die Armen Anrecht 1. auf die Reste der Mahlzeiten, 2. auf Verteilung von Almosen, die zu ihren Gunsten von Wohltätern des Klosters gestiftet waren, und 3. auf die sog. pulmenta defunctorum, d. h. die drei Anteile, wie sie ein Mönch bei der Mahlzeit hatte. Diese drei Anteile stellten die Nahrung der zuletzt Gestorbenen vor. Wenn in Clugny ein Mönch starb, so gab man seine Nahrung während 30 Tagen den Armen. Im Cistercienserorden trat ein festgesetztes, tägliches Almosen an die Stelle dieses veränderlichen und zufälligen. Zu diesen obligatorischen Almosen fügten die Cistercienser noch ausserordentliche in grossem Massstabe, besonders zu Zeiten der Hungersnot *). „Sie zehrten die Ergebnisse ihrer schweren Händearbeit nicht etwa allein auf; sie hatten für sich selbst kaum das Nötigste und teilten es dennoch mit den Armen; wenig machten sie sich aus dem Hungern, wenn nur die Anderen satt wurden." So der Abt Gilbert, der 1167 starb. In der Hungersnot des Jahres 1217 wurden vor den Türen des Klosters Heisterbach bei Siegburg (Reg.-Bez. Köln) an manchen Tagen 1500 Arme gespeist. Jeden Fleischtag schlachtete man ein Rind, kochte das Fleisch in 3 grossen Kesseln mit Gemüse und teilte es aus. Auch die Schafe wurden nicht geschont. Die Brotspenden waren so zahlreich, dass der Abt befürchtete, seine Speicher würden vor der Ernte leer, und deshalb dem Bruder, der die Brote buck, befahl, sie etwas kleiner zu machen. „Aber ich lege sie ja vielmehr klein in den Ofen, und grösser ziehe ich sie hervor", erwiderte ihm dieser. „Das Mehl mehrte sich in den Säcken", erzählt Caesarius von Heisterbach, „und unsere Freigebigkeit ruinierte uns keineswegs; denn noch im gleichen Jahre kaufte uns Andreas von Speier eine grosse Liegenschaft." In Westphalen schlachtete ein Kloster alles Vieh, verpfändete seine Kelche und Bücher, um den Armen zu helfen. Sofort fand sich ein Wohltäter, der den Mönchen ihre Almosen verdoppelt zurückerstattete. (Caesarius, Dial. Mirac. Dist. IV. cap. 65 u. 67 in Bibl. patr. Cist. II. 107—108). Die Almosen bestanden nicht allein in Nahrungsmitteln; man gab auch Kleider und Schuhe. So setzte das Generalkapitel 1185 fest, dass die „drei Anteile der Gestorbenen" durch Verteilung von Kleidern und Schuhwerk ersetzt werden sollten. —

Andreas, ein Bruder des hl. Bernhard, war Pförtner in Clairvaux. Als Humbeline, seine Schwester, noch nicht bekehrt war und eines Tags nach Clairvaux kam, um ihren Bruder zu besuchen, der sittenstrenge Abt aber, über die Pracht ihres Zuges und ihrer Kleidung empört, sich weigerte, sie zu sehen, bewachte Andreas die Klosterpforte. An ihn wandte sich Humbeline; doch er, ebenso unerbittlich, wie S. Bernhard, schmälte die Schwester wegen ihrer gesuchten Kleidung aus. Da sagte sie tiefbewegt zu ihm: „Wenn ich auch eine Sünderin bin — sind es nicht die Sünderinnen, für die der Herr gestorben?" Später liess sich S. Bernhard erweichen, und Humbeline

---

*) Der Reichtum der Abtei Clairvaux gereichte wiederholt zum Segen des Volkes. Bei einer schweren Hungersnot im Burgundischen, da von allen Seiten Schaaren ausgehungerter Armen zu den Pforten des Klosters hinströmten, wurden 2000 unter denselben ausgewählt, durch ein ihnen angeheftetes Zeichen kenntlich gemacht, und diese wurden während zweier Monate mit allen erforderlichen Lebensmitteln versorgt, und Andere empfingen unbestimmte Almosen. —

ward Äbtissin von Iuilly. Andreas aber starb noch zu Lebzeiten seines Bruders.

Die Geschichte der Klosterpforte in Clairvaux ist durch eine grosse Zahl von Schenkungen ausgezeichnet. So kaufte Wilhelm von Pontarlea, ein Pförtner von Clairvaux, vom Kloster Molesme 1196 das Marktrecht in Ville und alle Liegenschaften dieses Klosters im Banne von Ville und Juvancourt um 30 Pfund. Diese Erwerbung war dem Pförtneramt zugeeignet unter der Bedingung, dass die daraus herrührenden Einnahmen durch die Hand des Pförtners an die Armen verteilt würden, abzüglich 300 Sous, die jährlich 14 Tage vor S. Remigius an die Mönche von Molesme zu zahlen waren. Im Jahre 1206 schenkten Rainald von Ville, sein Schwager Stephan von Silvarouve und seine Frau Laetitia dem Kloster Clairvaux ihre Rechte an der Mühle zu Ville unter der Bedingung, dass sie dem Pförtner ausschliesslich zugute kämen. Es existiert aus diesem Jahre noch eine Vertragsurkunde zwischen dem Müller Hugo und dem Pförtner Johannes, die die Rechte und Pflichten eines jeden genau begrenzt. Danach hatte im allgemeinen der Eigentümer bei Reparaturen und Neubauten von grösserem Umfange das Material vors Haus zu liefern, während der Müller gegen teilweise Beköstigung die Arbeit verrichtete. Der Müller hatte jährlich den Treueid zu leisten.

Im Jahre 1215 tritt ein gegenseitiger Tausch zwischen Portarius und Cellerarius ein; der Portarius tritt jenem alle Weingärten, Felder und Wiesen, die von seinem Amt abhängig sind, ab, wofür ihm der Cellerarius den Unterhalt für ein Pferd verbürgt; auch überlässt er ihm das Stroh aus allen seinen Mühlen, wofür ihm der Cellerarius die Mühle von Moreins nebst allen Einkünften und Erzeugnissen, das Stroh ausgenommen, abtritt.

Aus dem Jahre 1226 ist uns eine interessante Urkunde aufbehalten, deren Wortlaut anbei folgt:

„Ego frater Radulfus, abbas Clarevallis, notum facio omnibus presentem paginam inspecturis: quod frater Guido, portarius noster, de voluntate nostra, operari fecit duas magnas ollas cupreas ad pulmenda pauperum porte Clarevallis decoquenda. Quarum una tenet modios septem, altera vero quatuor. Hee siquidem olle supramemorate comparate sunt de eleemosinis illustris domine Helysendis, comitisse de Barro super Secanam, et nobilis domine Castrivillani majoris, et minoris domine scilicet Aeliz, et domine Juliaci, et domine de Chacenay necnon et aliorum plurimorum bonorum virorum ac mulierum. Nulli igitur liceat has predictas ollas, ad usum pauperum porte assignatas in perpetuum et collatas, priori, suppriori, seu alicui cellerariorum, sed omnino nulli a porta predicta sub pena excommunicationis alienare aut alicubi ullatenus amovere.

In huius rei testimonium, et ut res ista permaneat inconcussa, presenti pagine sigilli nostri appensione tradidimus firmamentum. Actum anno gratie M° CC° XX° VI°."

Im gleichen Jahre hat Elisabeth von Châteauvillain der Klosterpforte in Clairvaux 620 provencalische Pfund vermacht, womit von den Brüdern Clarembaud und Gui von Chappes der Zehnte von Morinvilliers gekauft ward. Die Mönche von Clairvaux bestimmten, dass von den Erträgnissen dieses Zehnten jährlich 80 Arme gekleidet werden sollten, und zwar sollte jeder mindestens 4 Ellen braunes Tuch und ein Paar Schuhe erhalten; bleibe der Wert dieser Tuche und Schuhe hinter dem Ertägnis des Zehnten zurück, so sollte der Pförtner für die Differenz noch Schuhe kaufen und sie ebenfalls an die Armen verteilen. Die Verteilung selbst aber sollte an Mariä Geburt beginnen und an Weihnachten enden.

Nach der Regel S. Benedikts soll ein **besonderer Saal im Kloster kranken Brüdern vorbehalten** sein, und man soll ihnen einen gottesfürchtigen, eifrigen und aufmerksamen **Pfleger** beigeben; auch sollen sie, so oft es nötig ist, ein Bad erhalten. Die Kranken und Schwachen dürfen zur Hebung ihrer Kräfte Fleisch geniessen. Der Abt aber soll genau darüber wachen, dass die Kranken seines Klosters nicht vernachlässigt werden; denn er ist für die Fehler seiner Untergebenen verantwortlich.

In allen Cistercienserabteien gab es **zweierlei Lazarette**, das eine **für die Mönche** und das andere **für die Laienbrüder**; demgemäss gab. es auch zwei Pfleger, in Clairvaux noch einen dritten, den Pfleger der Armen. Der Pfleger hiess **Infirmarius**. Der Infirmarius der Mönche schlief nicht im gemeinsamen Schlafgemach. Wenn unter den Kranken solche waren, die noch Kraft genug besassen, die anderen zu pflegen, nahm der Infirmarius an allen Andachtsübungen teil, andernfalls war er von Rechts wegen von der Teilnahme an den Horen, ja selbst der Vigilien und Completen dispensiert. Er begab sich nicht zur geistlichen Lektüre an den vorgeschriebenen Ort und durfte sogar im Spitale essen. Es genügte, wenn er der Frühmesse und dem täglichen Kapitel anwohnte. Im Spital pflegte er die Kranken, sorgte für ihre Bedürfnisse und wachte über die Innehaltung der Regel. So musste er beim Eintritt eines kranken Mönchs ins Spital im Refektorium dessen Krug und Glas, sowie im Schlafsaal (Dormitorium) sein Bett holen. Samstags wusch er den Kranken auf Wunsch die

Füsse und staubte die Kleider aus. Er wachte darüber, dass das Stillschweigen unverbrüchlich gewahrt wurde; nur Bettlägerige durften zur Kundgebung eines Bedürfnisses sprechen. Wollten andere mit dem Infirmarius sprechen, so gaben sie ihm ein Zeichen, begaben sich dann mit ihm in ein besonderes Sprechzimmer und teilten ihm dort in möglichster Kürze das Nötige mit. Der Infirmarius hatte ferner dafür zu sorgen, dass die Kranken pünktlich alle Horen ohne Ausnahme beteten von den Laudes bis zur Complet. Er brachte ihnen die nötigen Bücher und sorgte für Licht. War ein Mönch dem Tode nahe, so legte er ihn von seinem Lager auf eine am Boden ausgebreitete Decke, rief mit der Schelle die Brüder zusammen, machte Wasser warm, um später, wenn der Tod eingetreten, den Leichnam zu waschen, und bereitete den Sarg. Im Winter lag ihm auch die Heizung ob. Nach den Institutionen des Generalkapitels hatte der Infirmarius einen anderen Mönch zum Gehülfen, den S u b i n f i r m a r i u s, der mit ihm sprechen durfte; auch war der Abt ermächtigt, ihm noch weiter einen geeigneten Laienbruder zur Unterstützung beizugeben; Zuziehung Weltlicher war hingegen strenge untersagt.

Die Regel der Laienbrüder des Cistercienserordens erwähnt auch einen I n f i r m a r i u s   C o n v e r s o r u m. Dieser durfte mit seinen Gehülfen sprechen, wie diese mit ihm; auch durften sie mit den Kranken sprechen, doch dann nur mit leiser Stimme.

Das A r m e n s p i t a l war wahrscheinlich für dürftige Kranke bestimmt und an die Fremdenherberge angeschlossen. Auch in Grand-Selve (Haute-Garonne) befand sich ein solches Armenspital.

Die Namen dreier Infirmarii von Clairvaux sind uns erhalten: H e i n r i c h der Krumme, ein Deutscher, den S. Bernhard bekehrte, als er das Kreuz predigte, B e r n h a r d, Mönch und Priester, der auf wunderbare Weise von Versuchungen befreit wurde und G e o f f r o y von Melun, der später Bischof von Sora in Sardinien ward. —

Im Mittelalter bestanden nur wenig H e r b e r g e n ausserhalb der Städte. Anderseits war das Elend auf dem Lande viel grösser als heutzutage, so dass eine grosse Anzahl von Kranken zu Hause nicht die durch ihren Zustand gebotene Fürsorge finden konnten. Auch vermehrte die barmherzige Nächstenliebe die „Gutleuthäuser", die zugleich Spitäler und freie Herbergen waren, meist an solchen Orten, wo sie heutzutage unbenutzt leer stehen würden. Zu gleichem Zwecke, zur Pflege der Reisenden und Kranken, befand sich bei jedem Kloster eine H e r b e r g e (cella hospitum, hospitale, hospitium).

Die Regel S. Benedikts sagt: „Man wende alle Fürsorge auf, um die Armen und Pilgrime gut zu empfangen, denn in ihnen bewirtet man unseren Herrn. Die Reichen zu ehren, dies Gebot halten wir für überflüssig; denn die Furcht vor ihnen wird ihnen stets eine gute Behandlung erwirken". — „Der Abt soll den Gästen Wasser reichen, um die Hände zu reinigen; Abt und Mönche sollen ihnen die Füsse waschen". — „Die Küche des Abts soll ihnen die Nahrung liefern". — „Ein gottesfürchtiger Mönch soll mit der Leitung der Herberge betraut sein; auch sollen genügend Betten mit Matratzen vorhanden sein. Es ist das Haus Gottes und soll weise von Weisen geleitet werden".

Dies waren auch die Prinzipien des Cistercienserordens. Zur Zeit seiner Gründung hatte sich ein Missbrauch eingeschlichen, der die Fremdenherberge ihrem ursprünglichen Zweck entfremdete; die grossen Barone pflegten hier die hohen Feste zu feiern und nach denselben die Gerichtstage abzuhalten. Dieser Missbrauch ward im Cistercienserorden abgestellt und die Fremdenherberge ihrem eigentlichen Zweck zurückgegeben. Man beherbergte daselbst Arme und Kranke; auch scheint in Clairvaux im 15. Jahrhundert eine besondere Herberge für Arme bestanden zu haben, da 1437 ein Richard (de Plumbo) als Rector hospitii pauperum vorkommt. Die Fremdenherberge war auch Personen von Stand geöffnet, die sich, sei es im Notfalle, sei es zu einem frommen Zweck dahin begaben. Papst Innocenz II. kam 1131 nach Clairvaux, 1133 flüchtete Bischof Stephan von Paris dahin; 1148 beehrte Papst Eugen III. das Kloster mit einem Besuche; ja, 1244 wurden in Citeaux sogar die Mutter und Frau Ludwig des Heiligen zugelassen, als der König und seine Brüder das Kloster besuchten, mit Genehmigung des Generalkapitels. — Den Gästen setzte man bessere Speisen vor als den Mönchen, doch war das Fleisch auch hier verboten*). An Freitagen gab es auch weder Eier noch Käse. Während der Fasten, an Advent, Quatember und den gewissen Festen vorausgehenden Tagen gab es ebenfalls weder Käse, noch Butter oder Eier. Doch erstreckten sich diese Vorschriften nicht auf die Kranken unter den Fremden.

In allen Cistercienserklöstern waren mit der Leitung der Fremdenherberge Mönche betraut, denen ein Laienbruder zur Seite stand. Die ersteren sorgten für die Beköstigung und das Lager der Gäste; sie bedienten die Tafel, auch durften sie in der Herberge mit den Fremden und dem Laienbruder sprechen. Der letztere bereitete das zur Fusswaschung nötige Wasser zu; er rief, wenn es Zeit war, dies fromme Werk zu verrichten, den Abt oder die damit betrauten Mönche herzu; denn es wurde für jede Woche eine bestimmte Anzahl von Mönchen dazu bestimmt, den Fremden die Füsse zu waschen.

---

*) Im Jahre 1412 ward den Äbten von Friesland vom Generalkapitel erlaubt, weltlichen Gästen in der Fremdenherberge auch Fleisch vorzusetzen.

Für die Kranken war auch ein Arzt nötig. Ein Statut des Generalkapitels belehrt uns darüber, dass es in den Cistercienserklöstern **Mönche und Laienbrüder gab, welche die Heilkunst ausübten.** Dieselben begnügten sich nicht allein, die erkrankten Genossen zu behandeln; manchmal sah man sie Reisen unternehmen, ausserhalb des Klosters schlafen, alle mönchischen Andachtsübungen bei Seite setzen, um Fremde, ja selbst Weltliche zu behandeln. Das Generalkapitel war ob dieser Regelwidrigkeit empört und verbot sie 1157. Doch untersagte es damit nicht die Ausübung der Heilkunst, und jener Entscheid hinderte die Cistercienser, die medizinische Kenntnisse besassen, keineswegs, dieselben auch zum Nutz und Frommen von Weltlichen anzuwenden, vorausgesetzt, dass sie dadurch in der Erfüllung der Pflichten, die ihnen ihr Gelübte auferlegte, nicht gestört wurden.

Wir finden in der Bibliotheca patrum Cisterciensium die beiden Typen des Cistercienserarztes geschildert: das eine Mal ist er ein frommer Mönch, der die Regel beachtet und die Heilkunst eben nur aus Frömmigkeit betreibt, das andere Mal dagegen ein lässiger Genosse, der seine Kunst und Eitelkeit als Arzt über die Pflichten stellt, die ihm das Gelübte vorschreibt. „Einst war ein Mönch in Clairvaux, dessen Sittenreinheit der Würde seines Berufs entsprach. Er war ein frommer Mann, mässig und nüchtern in seiner Nahrung, ärmlich in seiner Kleidung, sehr streng gegen sein Fleisch. Er verzichtete auf eitle Vergnügungen, gebrauchte selbst das Nötigste mit Sparsamkeit, obwohl sich ihm manche Gelegenheit bot, diese engen Grenzen zu überschreiten. Auch war er ein sehr geschickter Arzt; die Grossen dieser Erde verlangten fortwährend seine Hilfe, und oft musste er ihnen wider seinen Willen, trotz seines Weigerns, willfahren. Er zog die Dürftigen und Armen vor; er heilte aber nicht allein ihre Krankheiten: mit eigener Hand verband er ihre eiternden Wunden, aus denen blutige Jauche troff, mit einem Eifer, dass man hätte glauben können, er verbinde die Wunden Jesu. Diesen Armen widmete er die Fürsorge, die er sich selbst versagte. Als er dem Tode nahe war, sei ihm Jesus erschienen und habe zu ihm gesagt: „Deine Sünden sind getilgt, komm' und küsse meine Wunden, die du so sehr geliebt und so oft gepflegt hast!" Dieser fromme Mönch starb, wie er vorausgesagt, am Abend vor S. Martin". Bibl. patr. Cist. I. 130.

Der andere Typus wird durch folgende Legende illustriert, die uns Caesarius von Heisterbach (Biblioth. patrum Cisterc. II. 216—217) überliefert hat:

„Es war in unserem Orden ein Mönch, mehr dem Kleide nach, als nach seinem Wandel. Er reiste im Lande umher, um die Heilkunst auszuüben, und nur zu den Hauptfesten kehrte er ins Kloster zurück.

Bei einem Feste der hl. Jungfrau war er des Nachts in der Kirche, um die Horen zu beten; da sah er die Mutter des Herrn von Licht umflossen in den Chor eintreten und zu jedem der betenden Mönche herantreten, um ihm aus einem Gefäss, das sie trug, mit einem Löffel eine Flüssigkeit zu Munde zu führen. An ihm ging sie vorüber mit den Worten: „Du bist ja Arzt und brauchst meinen Trank nicht; du gewährst dir genugsam Erleichterung!" Traurig sah er ihr nach und kehrte in sich; er verliess das Kloster nur noch mit Widerwillen und auf Befehl und versagte künftig seinem Körper jede Erleichterung. Als beim nächsten Fest die hl. Jungfrau ihre Diener wiederum besuchte, trat sie auch zu ihm und sagte: „Da du in dich gegangen bist und meinen Trank dem deinen vorziehst, so koste denn, wie die anderen! Von da an verliess er das Kloster nie mehr und betrachtete alle Genüsse des Fleisches als Schande".

Die in der Bibliothek der medizinischen Schule von Montpellier aufbewahrten Schriften des Klosters Clairvaux beweisen, dass man die Heilkunst bei den Cisterciensern in den folgenden Jahrhunderten eifrig gepflegt hat. Das Studium von Hippokrates, Galenus, Avicenna u. a. m. lieferte den frommen Ärzten von Clairvaux wissenschaftliches Rüstzeug, das dem ihrer zeitgenössischen Berufsgenossen bei weitem überlegen war. —

Mit der **Finanzverwaltung des Klosters** unter Oberleitung des Abtes war im allgemeinen der **Cellerarius** betraut, wie der Prior ebenfalls an zweiter Stelle die geistliche Leitung hatte. Der Cellerarius bestellte die Mahlzeiten und sorgte dafür, dass sie zu gehöriger Zeit stattfanden. Er salzte die Gerichte und mass jedem Bruder seinen Anteil in die dazu bestimmte Schüssel zu. Ihm legten die Laienbrüder, die an der Spitze der Ökonomie standen, Rechenschaft ab. Er inspizierte sie auch; so findet sich im Exordium magnum eine Illustration eines Cellerarius, wie er die Klostermeiereien besucht „ex debito officii sui". In den grossen Abteien waren diese Funktionen zu umfangreich, als dass sie ein Mönch allein hätte bewältigen können, weshalb es dort noch einen „Subcellerarius" gab, in Clairvaux sogar deren zwei nebst mehreren anderen Unterstellten des Cellerarius. Die ersten Cellerarii in Clairvaux waren die Brüder S. Bernhards, Gerhard und Gui.

Im Refektorium hatte der **Refectorarius** den Dienst; er verteilte die Servietten, Löffel, den Wein, das Bier und das Wasser. Sein Amt konnte auch dem Cellerarius übertragen sein. —

Die Vorschriften verboten dem Abt, die **Verwaltung der Meiereien und Vorwerke** einem anderen Mönch als dem Cellerarius zu übergeben. Indessen scheint man in einzelnen Cistercienserklöstern einen besonderen Mönch als Grangiarius bestellt zu haben, der von den Magistern der einzelnen Meiereien wohl zu unterscheiden ist; diese waren Laienbrüder und standen unter jenem. Die Vorschriften, die wir oben erwähnt haben und die es ausdrücklich gestatten, dass der Cellerarius Gehilfen habe, müssen zweifelsohne dahin gedeutet werden, dass derselbe unter alleiniger Leitung des Abts der unmittelbaren Verwaltung der zeitlichen Güter vorstehe. Wenn die damit verbundenen Geschäfte sehr zahlreich waren, so hatte er einige Beamte unter sich, deren einer eben der Grangiarius war; derselbe unterstützte den Cellerarius in der Überwachung der Klostermeiereien.

Da nach der ursprünglichen Einrichtung der Cellerarius alle zeitlichen Güter verwaltete, so hatte er auch die Schlüssel zur Klosterkasse, was folgende Legende beweist. „Ein Wucherer gab dem Cellerarius eines Cistercienserklosters Geld zum Aufheben. Dieser legte es an einen sicheren Ort zum Gelde des Klosters. Nach einiger Zeit verlangte der Wucherer sein Geld zurück. Doch siehe da, als man die Kiste öffnete, fand man weder das Geld des Klosters noch das des Wucherers vor. Ein Diebstahl war ausgeschlossen, da die Schlösser unversehrt waren. Das Geld des Wucherers hatte eben das des Klosters aufgezehrt!" (Caesarius von Heisterbach; vgl. Biblioth. patr. Cisterc. II., 48). — Die Konstitution Benedikts XII. zur Reform des Cistercienserordens bestimmt für jedes Kloster zwei Kassiere, einen Hauptkassier nebst einem Gehilfen, welche die Einnahmen der Abtei in Empfang nehmen und nur auf Verlangen des Abts wieder abgeben sollten. Diese Kassiere hiessen Bursarii; doch reicht dieses Amt eines Bursarius weiter zurück; von ihm ist die Rede in den Institutionen des Generalkapitels und unter der Bezeichnung als „custos omnium depositorum" (Nom. Cisterc. p. 331). Im 15. Jahrhundert sehen wir das Amt des Bursarius mit dem des Cellerarius vereinigt, was eine Rückkehr zur ursprünglichen Organisation war.

In den meisten Benediktinerabteien war der Kämmerer, Camerarius, ein wichtiger Beamter, der die zeitlichen Güter verwaltete. Die Ausdehnung, die man bei den Cisterciensern dem Amt des Cellerarius gab, machte einen Camerarius entbehrlich, daher man ihm in Cistercienserurkunden auch nirgends begegnet. Nur Caesarius von Heisterbach spricht von zwei Kämmerern von S. Petersthal, Heinrich und Wilhelm (Bibl. patr. Cisterc. II. 14 u. 84). Auch wüssten wir nicht anzugeben, worin das Amt des Kämmerers bestand, wenn er nicht mit dem Bursarius identisch ist, was bei der ethymologischen Bedeutung von camera = Koffer, Kiste, Geldkiste nicht unwahrscheinlich ist.

Der Cellerarius soll, wie wir bereits gehört haben, den Mönchen unter der Oberaufsicht des Abts ihre Nahrung zumessen. Um die Mönche nun von der Verteilung der gestifteten Pietantien zu vergewissern und das Eingreifen jeder höheren Gewalt, die diese Verteilung hätte hindern können, unmöglich zu machen, hatte man in einzelnen Klöstern einen besonderen Beamten aufgestellt, der mit der Verwaltung der zu Pietanzien gestifteten Güter und Fonds betraut war, die in ihrer Gesamtheit „Eleemosinae" heissen. Daher sind die Bezeichnungen Eleemosinarius und Pietantiarius synonym. Das Cartularium von Clairvaux weist in einem besonderen Abschnitt „Eleemosine" 86 derartige Stiftungen auf. Im Jahre 1286 ward dies Amt durch das Generalkapitel verboten.

Die älteste Urkunde, in der wir einem Rendanten, Rentarius, begegnen, ist die Konstitution Benedikts XII. zur Reform des Cistercienserordens, und zwar wird nicht etwa daselbst die Einsetzung eines solchen vorgeschrieben, sondern bestimmt, dass er den Eid in die Hände des Abts abzulegen habe; es musste also schon vorher Rentarii im Cistercienserorden gegeben haben. Der Rentarius zog, wie schon der Name andeutet, die Renten des Klosters ein. In Clairvaux bestand das Amt des Rentarius bis in die Neuzeit, wie uns überkommene Rechenschaftsberichte beweisen. Die Zeit der Einrichtung dieses Amtes ist unbestimmbar; der älteste Rentarius kommt im Jahre 1360 vor.

Die Abtei Clairvaux hatte auch einen Mercator. Bruder Ansgar, „Mercator Clarevallis", kommt in einer Urkunde vom Jahre 1218 vor. Die Bezeichnung deutet den Zweck desselben genügend an. Der Mercator hatte unter der Leitung des Cellerarius die Erträgnisse der Arbeit der Brüder zu verkaufen und die notwendigen Artikel, die man im Kloster nicht erzeugte, einzukaufen.

Auch einen Aquarius hat es bei den Cisterciensern gegeben. Der Autor der „Beschreibung von Clairvaux" (Mabillon, S. Bernardi opera II., 1309) bringt uns eine Illustration, wie der Aquarius in einem Kahne sitzend gerade einen Fisch aus einem nahen Klosterweiher zieht. Das ist allerdings die einzige Andeutung dieses Amtes in den uns vorgelegenen Cistercienserurkunden.

Waren die Laienbrüder zu zahlreich, als dass der Abt oder Prior unmittelbar sie überwachen konnten, so übergab der Abt einem Mönch die Fürsorge für diesen Teil seiner Herde. Dieser Magister Conversorum empfing dann an Stelle des Abts die Beichte der Laienbrüder und hielt auch ihr Kapitel ab, sei es im Kloster selbst, sei es in den von den Laienbrüdern bewohnten Meiereien und Höfen. Seine Machtbefugnis war eine sehr engbegrenzte. Er durfte nicht einmal den Laienbrüdern eine Pietanz gestatten, wenn er sich vorübergehend in einer oder der anderen Meierei aufhielt.

In einer Urkunde von Clairvaux aus dem Jahre 1247 ist von einem **Magister quadrigarum** (Schirrmeister) die Rede. Die grosse Zahl der landwirtschaftlichen Beschäftigungszweige nötigten die Klöster zur Fortschaffung ihrer Erzeugnisse beträchtliche Transportmittel bereitzuhalten, daher die Einrichtung dieses Amtes.

Der Mönch, der das **Kleidermagazin des Klosters** unter sich hatte, hiess **Vestiarius**. Aus diesem Magazin hatte er den Mönchen, Laienbrüdern und Fremden Bettzeug, Kleider und Schuhe abzugeben. Er stand mit den Laienbrüdern, die an der Spitze der Schneider-, Sattler- und Schusterwerkstätten standen, in regem Verkehr, er durfte daher auch mit ihnen sprechen, jedoch nur in den Werkstätten, nicht ausserhalb derselben.

Weitere Ämter sind uns nicht bekannt geworden.

III. Eintritt in den Cistercienserorden und Austritt aus demselben.

Der uneigennützige Charakter der Berufungen zum Cistercienserorden, ihre enorme Zahl während des 12. Jahrhunderts ist eine beachtenswerte geschichtliche Tatsache. Leute, die die höchsten gesellschaftlichen Stellungen inne haben, geben dieselben auf, um ärmlich von der Arbeit ihrer Hände zu leben, wie die untersten Volksschichten, wie die damals so bedauernswerten Sklaven der Scholle, die mehr als einmal durch das Übermass ihres Elends mit Gefahr ihres Lebens blutige Aufstände erregt haben, welche die Feudalherrschaft in die höchste Bedrängnis brachten. Die grösste Mehrzahl der Cisterciensermönche ging aus den drei bevorrechteten Ständen hervor, die fast ausschliesslich alle geistige Bildung für sich in Anspruch nahmen: sie gehörten dem Feudaladel, dem Klerus oder dem Bürgerstande an. „Wieviel Gelehrte, Rethoren und Philosophen traten doch in das Kloster S. Bernhards ein!" ruft dessen Zeitgenosse Ernaldus von Bonneval aus. „Die weltlichen Schulen verliessen sie in grossen Scharen, um in diesem geheiligten Zufluchtsorte über göttliche Dinge nachzudenken und einen himmlischen Wandel zu führen!" Eines Tages sagte S. Bernhard zu einem Laienbruder, der dem Tode nahe war: „Wir haben Dich aufgenommen in Deiner Armut um Gottes willen, und was Du an Nahrung und Kleidung empfingst, — Du hast es mit Weisen und Hochgeborenen geteilt, die unter uns weilen!"

Man könnte eine lange Reihe von Männern aufzählen allein aus dem 12. und 13. Jahrhundert, die auf eine glänzende Laufbahn verzichteten, um der inneren Stimme, die sie berief, zu folgen und die — an der Schwelle eines genussreichen Lebens — in der strengen Wirklichkeit des Klosters die Hoffnungen auf eine schöne Zukunft in der Welt und die unschuldigen Illusionen ihrer Jugend zu Grabe trugen. So ward Reinhard, der Sohn des Grafen von Bar-sur-Seine, Mönch in Clairvaux, so trat Otto von Freising, ein Enkel Kaiser Heinrich IV. und Sohn Leopolds von Österreich in den Cistercienserorden ein. Auf der Rückkehr von Paris, wo er seinen Studien obgelegen, machte er mit 12 Genossen, deutschen Adeligen, in Morimond Rast; sie wollten nur übernachten, doch konnten sie dem verführerischen Staunen über dies vorausgenommene „Absterben der Welt" (mori mundo) nicht widerstehen und traten als Novizen in dies Kloster ein. Am meisten Eindruck machte es indes in Frankreich, als Heinrich, der Sohn Ludwig VI., in den Orden eintrat.

Auch jugendliche Glieder des damaligen Klerus, denen S. Bernhard sein Buch „De conversione ad Clericos" widmete, stellten ein zahlreiches Kontingent zum Cistercienserorden. Als S. Bernhard einst nach Paris reiste, bat ihn die Geistlichkeit, auch einmal ihre Schulen zu besuchen. Er willfahrte und sprach an zwei Tagen über die Verachtung der Welt und die freiwillige Armut. Eine grosse Zahl verliess ihre Studien, um ihm nach Clairvaux zu folgen. Diese jungen Leute begegneten oft im Kloster bedeutend älteren, die, müde des Glanzes der Welt, im Kloster ein beschauliches Leben führten. — Manche hatten auch Verbrechen zu sühnen. Die Reue war es, die sie an diesen Ort geführt. „So war in Sachsen", erzählt Caesarius von Heisterbach, „ein vornehmer Ritter namens Ludolf. Hoch zu Ross, in einem neuen Scharlachkleide, unternahm er einst eine Reise. Unterwegs begegnete er eines Landmanns einfachem Fuhrwerk, dessen Räder das Kleid des vornehmen Reisenden mit Kot bespritzten. Der Edelmann, darüber erzürnt, zog sein Schwert und stach den Bauern in das Bein. Später trat er, seine Sünden bereuend, in eines unserer Klöster, in Porta (heute Schulpforta bei Naumburg in der Provinz Sachsen) ein. Er wurde schwer krank und klagte sich unaufhörlich seiner schweren Sünden an, besonders jener Tat an dem armen Bauern. Als der Infirmarius ihm Trost zusprechen wollte, antwortete der Kranke: „Ich werde keine Ruhe finden, bis ich Hiobs Zeichen an meinem Leibe sehe". Einige Tage nachher sah man an seiner Ferse, gerade an der Stelle, wo er den bäuerlichen Fuhrmann getroffen, ein Geschwür, das in der Folge aufbrach und reichlich Würmer entleerte. Voller Freude rief er aus: „Jetzt ist mir verziehen; denn ich trage Hiobs Zeichen an mir!" Das Übel nahm zu, und in grosser Zerknirschung und Gottes Güte lobpreisend hauchte er seine Seele aus." — Andere hatten keine so schweren Taten zu büssen, sondern wollten nur ein rechtschaffenes Leben in würdiger Weise beschliessen. So trat ein König von Sardinien in Clairvaux, ein Herzog von Lothringen in Stürzelbronn ein; Erzbischöfe und Bischöfe verliessen ihre Stühle, gaben ihre hohe Stellung, ihre Einkünfte auf, stellten sich unter den Befehl eines Abts, lebten in Armut und Dürftigkeit und verloren sich vor den Augen der Welt in der grossen Zahl der Mönche. So beschloss Malachias, Erzbischof von Irland seine Tage in Clairvaux; S. Bernhard beschrieb sein Leben. Seinem Beispiele folgte Eskilus, Primas von Schweden und Dänemark († 1181), Johannes von Bellesme, Erzbischof von Lyon. Alain, Bischof von Auxerre, früher Cisterciensermönch und Abt von Larrivour, gab seine Würde auf und teilte seine letzten Tage zwischen seinen lieben Abteien Larrivour und Clairvaux. Auch Äbte gaben ihre Ämter freiwillig auf und unterwarfen sich im Alter den Befehlen Jüngerer, z. B. Serlon, Abt von Savigny, und Humbert, Abt von Igny, die zu Clairvaux als einfache Mönche starben. Unter den Mönchen dieses Klosters befand sich auch ein Grossmeister der Templer, der freiwillig seine Würde niedergelegt hatte, um ein niederes und zurückgezogenes Leben zu führen; er hiess Eberhard.

Kein weltlicher Ehrgeiz trieb diese glänzenden Leuchten in die Klöster; erst später wurde das Mönchsleben für viele Mönche ein Weg zu Ehre und Ruhm. Es gab sogar manche, die die Verachtung der Welt so weit trieben, dass sie als Laienbrüder eintraten, um es sich unmöglich zu machen, zu hohen Würden des Ordens zu gelangen.

Des öfteren war indes der Eintritt in den Orden nicht die Folge eines inneren Dranges nach Abtötung des Fleisches; so bat S. Bernhard einst einen Strassenräuber vom Tode los, und derselbe ward im Kloster ein Muster des Gehorsams und der Frömmigkeit. Ein Balduin von Guise, ein Feudaltyrann, Plünderer, Mörder und Brandstifter, erkrankte schwer und wurde von Gewissensbissen gequält; da zog er Mönchskleider an und liess sich in das Kloster Igny tragen, wo er starb.

Die Laienbrüder, die sich hauptsächlich aus der damals meist beklagenswerten Landbevölkerung rekrutierten, fanden oft im Kloster eine Verbesserung ihrer materiellen Lage. „Du hattest keine Schuhe und keine Strümpfe", sagte einmal S. Bernhard zu einem sterbenden Laienbruder; „halb nackt liefst du umher, Frost und Hunger war dein Loos, als du zu uns deine Zuflucht nahmst, und wir auf deine Bitten hin dich aufnahmen".

Im 13. Jahrhundert war die Zahl derjenigen, die aus weltlichen Beweggründen in den Cistercienserorden eintraten, besonders gross.

Caesarius von Heisterbach erzählt davon in seinen 1221 verfassten Dialogen*) folgendes:

„Der Mönch: Wir sehen oft, ja fast täglich reiche und hochstehende Persönlichkeiten, Adelige und Bürger in unseren Orden eintreten, um dem Elend zu entgehen; lieber wollen sie notgedrungen einem reichen Gotte dienen, als unter Bekannten und Verwandten in Armut leben. ‚Wenn ich in meinen Geschäften Glück gehabt hätte, wäre ich nie in den Orden eingetreten', sagte mir einst ein Bruder. Ich habe welche gekannt, die ihren Vätern und Brüdern, die in den Orden sich aufnehmen liessen, erst dann nachfolgten, als sie die ihnen bei dieser Gelegenheit zugefallenen oder überkommenen Güter verschwendet hatten; mit dem Mantel aufopferungsvoller Hingebung deckten sie das Elend zu, das sie eigentlich hergeführt".

„Der Novize: Es ist überflüssig, Beispiele anzuführen. Besonders Laienbrüder treten aus ebengenannten Gründen ein. Doch selig die, welche Reichtum besessen und ihn um Jesu willen aufgegeben!"

„Der Mönch: Sie sind nicht selig, weil sie reich waren; selig sind sie nur, weil sie den Reichtum verachtet haben. Die zwei Schärflein der Witwe gelten mehr vor Gott, als die zahlreichen Almosen des Reichen. Manche bekehren sich auch aus Scham über einen Fehler, oder weil sie die Schande der Ehelosigkeit fürchten" (vgl. Bibl. patr. Cisterc. II. 16).

Wunderbar! Als die Cistercienserklöster arm waren und die Zahl der eigennützigen Berufungen gering, da strömten die Novizen nur so herbei; und als später die wachsenden Reichtümer der einzelnen Klöster ein lockendes Anziehungsmittel in den Augen vieler Müssiggänger hätten sein können, da sah man die Klöster sich entleeren. Wie wahr ist es doch, dass jede Einrichtung, die ihr Ziel aus den Augen verliert, damit auch den Todeskeim in sich aufnimmt! Das Kloster Clairvaux gelangte erst nach S. Bernhards Tode zu grossen Reichtümern. Er hatte 700 Brüder darin hinterlassen. Im Jahre 1667 waren es noch 130, 1790 gar nur noch 36. Vom 15. Jahrhundert an sieht man trotz der Bestimmungen des Generalkapitels, dass kein Cistercienserkloster weniger als 13 Religiose mit dem Abt haben solle, in England Klöster mit nur 3 oder gar nur 2 Religiosen. Besonders die Zahl der Laienbrüder nahm ab im gleichen Verhältnis zu der in den breiten Volksmassen immer mehr um sich greifenden Irreligiosität und dem wachsenden Materialismus des Klosterlebens. Zur Zeit S. Bernhards

---

*) Dialogus magnus visionum et miraculorum, anekdotenhafte Erzählungen, aber von allgemeinem zeit- und sittengeschichtlichen Wert. Eine neue Ausgabe besorgte 1851 Joseph Strange.

gab es in Clairvaux mehr Laienbrüder als Mönche, 1667 gab es 80 Mönche und 50 Laienbrüder und 1790 26 Mönche und 10 Laienbrüder. Und dabei war Clairvaux eine der Abteien, in denen sich noch die meisten Laienbrüder erhalten hatten! Lange vorher schon waren die Cistercienseräbte ermächtigt worden, in Ermangelung der nötigen Anzahl Laienbrüder Mägde zur Pflege des Viehes und Geflügels anzustellen.

Indessen war eine grosse Anzahl Cistercienserabteien eingegangen. Wir wissen nicht genau, wie viele statt der 1800 Männer und 1400 Frauen, die vorher in den verschiedenen Klöstern Europas und Asiens lebten, 1790 noch gezählt werden konnten. Wir wissen nur, dass der Cistercienserorden, der durch die Reformation manche Zweige verlor, auch in den katholisch gebliebenen Ländern selbst zahlreiche Klöster eingehen liess. So wurden die Abteien Val-des-Vignes, Benoîtevaux und Clairmarais im 14. und 15. Jahrhundert mit Clairvaux vereinigt. Es ist das Gegenteil vom Beginn des Ordens. Clairvaux, das zur Zeit S. Bernhards 160 Klöster gründete und endlich 800 Tochterklöster zählte, Clairvaux verschlang — ein zweiter Saturn — seine eigenen Kinder. —

Nach der Regel S. Benedikts dauerte das Noviziat der in den Orden neu Eintretenden ein Jahr. Ausserdem sollte zwischen der Bitte um Zulassung und der Aufnahme als Novize eine gewisse Prüfungszeit liegen, deren Dauer nicht näher bestimmt war. „Man muss den Neuangekommenen, die in den Orden eintreten wollen, die Klosterpforte nicht allzu bereitwillig öffnen. Nach dem Wort des Apostels: „Prüfet die Geister, ob sie von Gott sind" *), untersuchet, ob Gott sie antreibt! Der Postulant soll hart angelassen werden, und seine Bitten um Aufnahme in das Kloster sind anfangs abzuweisen; wenn er darauf besteht und alles mit Geduld über sich ergehen lässt, kann man ihn nach 4 oder 5 Tagen annehmen; dann soll er noch einige Tage in der Fremdenherberge zubringen und dann erst zum Noviziat zugelassen werden". Die alten Satzungen des Generalkapitels setzten die Dauer dieser Probezeit auf mindestens eine Woche fest: Nach mindestens 4 tägigem Warten führte man den Postulanten ins Kapitel, wo er den Abt inmitten seiner Mönche vorfand. In der Mitte der Versammlung hatte er hierauf niederzuknien. „Was ist dein Begehr?" fragte ihn der Abt. „Die Barmherzigkeit Gottes und die Euere!" erwiderte der Postulant. Dann liess ihn der Abt aufstehen, erklärte ihm die schwersten Ordensregeln und fragte ihn, ob er dieselben denn zu halten gedenke. War die Antwort eine bejahende, so sagte der Abt: „So möge denn Gott

---

*) 1. Joh. 4, 1.

vollenden, was er in dir begonnen!" Die im Kapitel versammelten Mönche sprachen darauf gemeinsam: „Amen". Darnach verbeugte sich der Postulant und ward in die Fremdenherberge geführt, wo er noch 3 Tage bis zu seinem Eintritt ins Noviziat verblieb.

Nach den ersten Bestimmungen des Cistercienserordens musste man mindestens 15 Jahre alt sein, um als Novize aufgenommen zu werden. Später — 1194 — ward dies Alter auf 18 Jahre festgesetzt; in einigen Ländern jedoch blieb die alte Bestimmung in Kraft.

Gewöhnlich behielten die Novizen ihre weltliche Tracht bis zur Ablegung der Profess. Jedoch einige Jahre nach der Gründung des Ordens änderte man dies, und die Novizen trugen nun die gleiche Kleidung wie die Mönche, nur anstatt der Kukulle die Cappa.

Die Novizen führten genau dieselbe Lebensweise, wie die Mönche. Ihre Zahl betrug in Clairvaux zur Zeit S. Bernhards gewöhnlich 90; doch waren ihrer oft über 100. Manchmal füllten sie den Chor der Mönche, so dass diese sich in das Schiff der Kirche zurückziehen mussten*).

War die Zeit zur Ablegung der Profess gekommen, so führte man den Novizen in seinen Laienkleidern ins Kapitel, wo er vor der Gemeinschaft auf seine Güter Verzicht leistete. Dann führte man ihn zur Kirche, rasierte ihm den Kopf und überreichte ihm die Urkunde der Profess feierlich zum Lesen. Dieselbe war auf Pergament geschrieben. War der Novize des Lesens unkundig, so las sie der Novizenmeister für ihn. Diese Urkunde wurde dann von dem Aufzunehmenden auf dem Altare niedergelegt und vom Kantor später im Archiv des Klosters aufbewahrt. Beim Tode S. Bernhards waren 888 solcher Urkunden vorhanden; doch sind sicherlich bei der Verlegung des Klosters viele abhanden gekommen. — War die Urkunde vorgelesen, so kniete der Novize in der Mitte des Chors nieder, und die Mönche begannen das Miserere zu singen. Während der Absingung dieses 51. Psalms warf sich der Novize der Reihe nach jedem Mönch zu Füssen; dann kehrte er in die Mitte des Chors zurück und kniete wieder auf dem Boden. Darauf trat der Abt mit dem Krummstab in der Hand vor, der Knieende erhob sich, der Abt segnete die Kukulle und bekleidete ihn damit, und das Kloster zählte einen Mönch mehr. —

Aus dem Cistercienserorden schied man durch den Tod, durch Erhebung zu höheren kirchlichen Würden, durch schimpfliche Ausstossung und durch Apostasie. Der Todestag eines Mönchs wurde allgemein als Festtag betrachtet bei den ersten Cisterciensern;

---

*) Es ist hier die alte Kirche von Clairvaux gemeint, in der sich ein besonderer Novizenchor unter dem Mönchschor befand. —

man berichtet, der 2. Abt von Clairvaux, Robert, habe eines Nachts geträumt, zwei Knaben in glänzendweissen Gewändern bestreuten den Chor des Klosters mit Rosen, Lilien, Veilchen und anderen Blumen, wie man damals an hohen Festen zu tun pflegte, während die Cistercienser diesen Brauch gerade nicht übten. Robert habe erstaunt die beiden Knaben gefragt, warum sie so der Regel zuwider handelten. „Lass' uns gewähren; ein Fest neuer Art wird in diesem Chor gefeiert werden", ward ihm zur Antwort. Im gleichen Augenblick habe das Ertönen der Schelle den Hingang eines Bruders angezeigt. — Ein ander Mal sah ein Mönch, der im Sterben lag, sein Bett von Engeln umgeben. „Seht ihr sie nicht?" rief er den umstehenden Mönchen zu. „Gebt das Glockenzeichen, denn sie sind da, die mein Scheiden aus dieser Welt erwarten".

Es kamen indes auch Fälle vor, wo Mönche auf eine traurige Weise ums Leben kamen. Ein deutscher Edelmann Balduin trat in eine Abtei seines Vaterlandes ein. Er war so strenge gegen sich selbst, dass Novizenmeister und Abt ihn mehrmals rügen mussten. Einmal trieb er es soweit, dass er sich jede Ruhe und sogar den Schlaf versagte; er arbeitete, wenn die anderen rasteten, und wachte, wenn sie schliefen. Darüber verlor er den Verstand. Eines Nachts erhob er sich etwas vor den Laudes, ging in die Kirche und hängte sich am Glockenseile auf. Das Gewicht seines Körpers versetzte die Glocke in Schwingungen, und es begann in erschreckender Weise zu läuten. Der Sakristan eilte herzu und schnitt das Seil ab; es gelang, ihn wieder ins Leben zurückzurufen, doch sein Geist blieb umnachtet. — Ein anderer Mönch stürzte sich in einem Anfall von Geistesverwirrung in den Klosterbrunnen nnd ertrank.

Eine Anzahl von Mönchen verliess den Orden, um die Würde eines Bischofs oder Kardinals zu übernehmen. Ernaldus zählt zur Zeit S. Bernhards 15 Bischöfe und einen Papst (Eugen III., früher Ofenheizer in Clairvaux) auf, die Cisterciensermönche gewesen waren. Später gingen noch die Päpste Gregor VIII., Coelestin IV. und Benedikt XII. aus den Cisterciensern hervor. Zwei Kardinäle figurieren oben unter den Äbten von Clairvaux (Heinrich und Conrad).

Besonders im 12. Jahrhundert leisteten die Cisterciensermönche als höhere Kirchenfürsten der Kirche grosse Dienste. Doch nahmen sie oft auch die Wahl nicht an, aus Besorgnis, den Anforderungen des bischöflichen Amtes nicht gewachsen zu sein. So wies Conrad, von Honorius III. zum Kardinal ernannt, nach dessen Tode die päpstliche Würde zurück. Die Cistercienser stellten sich die an so hohe Würden geknüpfte Verantwortlichkeit als etwas Schreckliches vor und fürchteten Gefahr für ihr eigenes Seelenheil. So sei einmal ein kurz vorher verstorbener Mönch, der einen Bischofsstuhl ausgeschlagen hatte, seinem Bruder nach dem Tode erschienen und habe ihm auf Befragen gesagt, dass er, im Falle er die vom Abt und Bischof befohlene Wahl angenommen hätte, seines Seelenheiles verlustig gegangen wäre. „Zudem", habe er noch hinzugefügt, „ist der heutige Zustand der Kirche ein derartiger, dass sie nur von schlechten Bischöfen geleitet zu werden verdient" (Caesarius von Heisterbach in seinem Dialogus, Biblioth. patr. Cisterc. II., 45). —

Die Strafe der Ausstossung ward nur sehr selten verhängt. Sie ist indes in der Regel S. Benedikts vorgesehen. Diese Strafe war die härteste und nur für Unverbesserliche bestimmt. Wenn Rügen, Exkommunikation, Geisselung nichts fruchteten, wenn gemeinsames Gebet zu Gott zum Heile des schuldigen Bruders dessen verstockten Sinn nicht erweichen konnte, „dann soll der Abt die Eiterbeule ausschneiden und das räudige Schaf aus der Hürde entfernen, dass es nicht die ganze Herde anstecke". S. Bernhard spricht sich in einem Briefe über diese Bestimmung aus, wie auch eine Institution des Generalkapitels darauf Bezug nimmt. —

In äusserst seltenen Fällen sah man freilich auch Mönche ihrer Profess völlig vergessen, ihr Kloster verlassen und in der Welt ein zügelloses, ausschweifendes Leben führen. So erzählt Caesarius von Heisterbach von einem Mönch edler Abkunft, der Priester geworden war, dann abtrünnig wurde und unter die Räuber ging. Nach einem Leben voller Greuel ward er bei der Bestürmung eines Schlosses tödlich verwundet. Der herbeigerufene Priester, entsetzt über die in der Beichte vernommenen Greueltaten, wollte ihm keine Busse auferlegen. Der Sterbende wählte selbst 1000 Jahre Fegfeuer. „Später erschien er nach seinem Tode dem Priester: er war erhört, und seine Busse abgekürzt worden." (Bibl. patr. Cisterc. II., 27—28).

IV. Besitzungen und Einkünfte im Cistercienserorden.

Die zu grosse Ausdehnung liegender Güter, die einzelne Cistercienserklöster besassen, bot im Mittelalter den Gegnern der Cistercienser einen hochwillkommenen Anlass zu Vorwürfen und Anklagen gegen den Orden. Doch neben dieser Ausartung war andererseits die Unzulänglichkeit dieser verfügbaren Mittel in Anschlag zu bringen. Neben reichen Klöstern bestanden arme, die in Ermangelung genügender Einkünfte entweder kümmerlich ihr Dasein fristeten oder vollständig zu Grunde gingen. Und man muss dem Generalkapitel des Ordens wenigstens die Gerechtigkeit widerfahren lassen, dass es alles aufbot, um das Schiff, dessen Steuer es regierte, möglichst heil zwischen dieser Scylla und Charybdis hindurch zu leiten.

Überall waren die **Schenkungen aus einem gewissen Drang
der Frömmigkeit** die ersten. Dazu kamen später noch Besitzungen
durch **Käufe**. Das natürliche Streben der Klöster ging darauf hinaus,
die Zahl der Schenkungen recht zu vermehren, indem man das Gemüt der
Gläubigen in diese Bahnen der Wohltätigkeit leitete. Dass dieses Be-
streben Anstoss erregte, ist wohl begreiflich. Es war zu befürchten,
dass die Mönche ihre Ersparnisse zu sehr anhäuften, um neue Erwerbungen zu ermöglichen zum Vorteil ihres Klosters und zum Nach-
teil der Armen, die ein Anrecht auf ihren Überfluss hatten. Mehr als
einmal musste das Generalkapitel diesen Eigennutz und die sich darin
bekundende Denkungsweise rügen; anstatt aber, wie man vielleicht
vermuten könnte, die Klöster in dieser Erwerbungssucht zu bestärken,
suchte es vielmehr die ihr fröhnenden von einer Bahn zurückzuhalten,
die ihnen nur verderblich werden konnte. Oft kann man ihm freilich
den Vorwurf der Schwäche nicht ersparen, dass es Übertretungen seiner
Vorschriften allzuhäufig ungeahndet liess.

Die erste Vorschrift des Cistercienserordens in der Charta caritatis
verbietet den Klöstern den **Besitz von Kirchen, Dörfern, Mühlen**
etc. etc. Die Cistercienserklöster können sich zwar mit Recht des Zehnten
befreien; doch dürfen sie nie den **Zehnten von fremder Arbeit**
einziehen. Sie dürfen Ackerfelder, Wiesen, Weinberge, Wälder, Wasser-
läufe besitzen, die letzteren zum Fischfang und zur Einrichtung von
Mühlen, jedoch **nur zu eigenem Bedarf**; auch dürfen sie sich die
nötigen Pferde und sonstigen Haustiere halten. Grundrenten, die damals
allein bekannt waren, standen ebenfalls auf der Liste der verbotenen Güter.
Angewiesen auf die Arbeit ihrer Hände, in erster Linie auf die Feldarbeit, sollten die Mönche nur solche Güter besitzen, ohne die eine
derartige Beschäftigung eben unmöglich ist. Alles Übrige laufe der
Reinheit des Mönchsinstituts zuwider. Das Verbot Mühlen zu erwerben,
die nicht den Bedürfnissen der Klöster ausschliesslich dienen, wurde
1157 wiederholt.

Diese Verbote liessen indes den Cisterciensern noch genügend
freie Hand, umfangreiche Besitzungen zu erwerben; es genügte, dass
die Erwerbungen Güter anderer Natur als die verbotenen betrafen,
dass man z. B. Ackerfelder oder Weinberge erwarb. Das Generalkapitel suchte dieser Umgehung seiner Vorschriften zu steuern. Da
man bekanntlich, um etwas zu kaufen, Geld haben muss, suchte das
Generalkapitel in erster Linie den Erwerb dieses Mittels zum Zweck
zu erschweren. Die Annahme mildtätiger Spenden war wohl erlaubt,
doch war es untersagt, sie mittel- oder unmittelbar zu provozieren, sei
es durch Kollekten oder durch Aufstellung von Sammelbüchsen an den
Klosterpforten. Kollekten zu Kirchenbauten waren formell untersagt.

Im Jahre 1195 wurde ein Abt zu 6 tägiger Pönitenz verurteilt, darunter einen Tag Fasten bei Wasser und Brot, „weil er einen Mönch und einen Laienbruder mit Reliquien zum Betteln ausgesandt hatte". Zudem legte das Generalkapitel Beschlag auf das Ergebnis des Bettelgangs. „Was die Sammelbüchsen anlangt, die eine schamlose Gewinnsucht an dem Eingang der Klöster aufstellen lässt, so sollen sie die Äbte binnen drei Tagen nach ihrer Heimkehr entfernen", sagt ein Statut aus dem Jahre 1204 (Martène, Anecd. IV. 1300).

Trotz dieser Beschränkungen und Verbote konnten die Einnahmen eines Klosters seine Ausgaben überwiegen; ja es waren viele Klöster in günstiger Vermögenslage; doch anstatt ihren Überfluss als Almosen den Armen zugute kommen zu lassen, legten sie ihn in Immobilien an. Das Generalkapitel selbst muss 1191 bekennen, „dass der Cistercienserorden in dem Rufe stehe, ohne Unterlass zu erwerben und anzukaufen, und dass die Sucht nach Gewinn bei ihm eine wahre Pestbeule sei"; es untersagte daher von diesem Jahre an alle Erwerbungen von liegenden Gütern (Martène, Anecd. IV. 1272). Doch man hatte nicht den Mut, die Bestimmung aufrecht zu erhalten und strich sie im folgenden Jahre wieder. 1240 wollte man das Verbot erneuern, doch verklausulierte man es derart, dass es ganz illusorisch war. Die Statuten dieses Jahres begnügen sich nicht damit, den Rückkauf verpfändeter Renten und Zehnten zu gestatten, oder den Erwerb der Nutzniessung eines Gutes, wenn dieses an und für sich schon im direkten Besitze des Klosters ist, sie erlauben auch die Almosen und Stiftungen, die zum Ankauf von Renten oder Liegenschaften gemacht waren, zu diesem Zwecke zu verwerten. Untersagt bleiben also nur die Ankäufe von Liegenschaften, deren Leitung die Abteien nicht direkt übernehmen; doch sind solche Erwerbungen gestattet, für welche der Kaufpreis aus einer zu diesem Zwecke gemachten Stiftung herrührt.

Im Jahre 1248 hob man auch diese wohltätige Einschränkung auf. Das Generalkapitel übertrug den Äbten der Mutterabteien die Befugnis, ihren Tochterabteien den Erwerb aller Güter zu gestatten, die sie für gut befinden würden. Im folgenden Jahre erklärte man auch diese Genehmigung durch den Abt des Mutterklosters für überflüssig; er solle nur verhindern, dass seine Tochterklöster zum Zweck des Erwerbs von Liegenschaften sich in Schulden stürzten.

Im Jahre 1256 wird indes die Bestimmung von 1240 erneuert, mit dem Zusatz, dass der Abt, der sie verletze, abzusetzen und der Mönch oder Laienbruder, der dazu geraten, aus dem Orden zu stossen sei. Doch umging man diesen Erlass, indem man die Ankäufe als Schenkungen ausgab. Die Institutionen des Generalkapitels verbieten zwar diesen Betrug, doch — wie ihn feststellen? Endlich verzichtete

— 74 —

es darauf, eine Bestimmung aufrechtzuerhalten, die man durch allerlei Maskierungen und Durchstechereien rein illusorisch machen konnte, weshalb wir sie auch in den „Alten Definitionen" von 1289 vergebens suchen.

Bei der Aufhebung des Klosters Clairvaux im Jahre 1790 betrugen seine Einkünfte jährlich in Geld zirka 270 000 Francs, an Weizen (1500 hl) 30 000 Francs, an Hafer (1400 hl) 10 000 Francs, an Roggen (50 hl) 600 Francs, an Gerste (150 hl) 1500 Francs, an Stroh (90 000 Garben) 2500 Francs, an Holz 240 000 Francs etc., in Summa über 550 000 Francs, was auf jeden der vorhandenen 36 Brüder 15 000 Francs ausmacht.

Clairvaux hatte nicht so begonnen; der erste Biograph des hl. Bernhard, Wilhelm von S. Thierry, berichtet uns, dass der Cellerarius einmal wegen 12 Pfund in Verlegenheit war; er suchte den Abt auf, der ihn zur Geduld ermahnte. Doch jener blieb für alles Zureden taub und wurde endlich grob. Der Abt nahm seine Zuflucht zum Gebet, und bald darauf stellte sich an der Klosterpforte eine Frau ein und brachte die 12 Pfund, deren man bedurfte (Mabill., S. Bernardi opp. II. col. 1073) *).

Ein andermal rechneten die Mönche nach der Ernte aus, dass der Ertrag derselben nur bis Ostern reichen werde. Sie suchten darum Geld zum Ankauf des nötigen Getreides aufzunehmen, fanden aber keines. Es war ein Wunder nötig, sie bis zur nächsten Ernte am Leben zu erhalten (ibid. II. col. 1082). Eines Tages fehlte das Salz im Kloster. Der Abt schickte einen Mönch zum Markte — ohne einen Pfennig Geld. Der Mönch wollte anfangs nicht gehen; als er endlich auf die zuversichtliche Verheissung des Abts, dass Gott schon helfen werde, einwilligte, fand sich wirklich unterwegs ein Priester, der dem Mönch nicht nur einen halben Scheffel Salz, sondern noch über 50 Sous Geld gab (ibid. II. col, 1285 f.).

Doch flossen im Anfang die Almosen spärlich, und Gott tat nicht immer Wunder, um seiner Diener Leben zu fristen. Als die Cisterciensermönche jene grossen Lichtungen und Rodungen begannen, die später für sie eine Quelle so grosser Reichtümer wurden, mussten sie oft mit den wilden Erzeugnissen eines noch jungfräulichen Bodens vorlieb nehmen: im Sommer gab es oft Gemüse aus Buchenblättern, im Winter Gerichte aus den Wurzeln der wild wachsenden Waldkräuter; Bucheckern waren ein Leckerbissen, den man sich an Festtagen gönnte. Da man noch nicht in der Lage war, Vieh und Geflügel zu kaufen,

---

*) 12 Pfund nach dem damaligen Geld = 243 Francs, nach heutigem Wert = 1460 Francs. —

so gab es weder Eier noch Käse; da man noch keine Weinberge hatte, entschlug man sich des Weines und trank Wasser.

Nach und nach, als mit der Ausdehnung der Lichtungen und Rodungen die Ausdehnung des anbaufähigen Bodens zunahm, wurden S. Bernhard und seine Mönche bekannt und berühmt, und fromme Seelen wollten durch Schenkungen Anteil haben an den hohen und heiligen Werken, die der fromme Abt und die Brüder verrichteten. Die ältesten Urkunden über solche Schenkungen für Clairvaux datieren 6 Jahre nach der Gründung des Klosters und stammen aus dem Jahre 1121. Frühere Schenkungen sind unwahrscheinlich, und die zu ihrem Erweis vorgebrachten Dokumente bezüglich ihrer Echtheit sehr anfechtbar.

Nach dem Cartularium von Clairvaux fanden folgende Schenkungen für die Abtei S. Bernhards statt:

Zeit der Schenkung	Zahl der Jahre	Zahl der Schenkungen	Durchschnitt pro Jahr
1121—1163	43	210	5
1164—1201	38	964	25
1202—1241	40	522	13
1242—1280	39	60	2
In toto 1120—1280	160	1756	11

Dazu kommen noch 15 Schenkungen ohne bestimmtes Datum.

Aus dieser Tabelle kann man ersehen, wie die Gläubigen, die anfangs so freigebig gewesen, allmählich zu der Ansicht gelangten, Clairvaux bedürfe weiterer Schenkungen nicht mehr. Die Bettelorden verbreiteten sich dazu immer mehr, und der Kontrast ihrer Armut, wie der grossen Dienste, die sie leisteten, lenkte die Betätigung frommer Mildtätigkeit in andere Bahnen.

Indessen ist die hohe Zahl dieser Schenkungen während anderthalb Jahrhunderten ein rühmliches Zeugnis für das Kloster, besonders wenn man in Erwägung zieht, dass alle diese Stiftungen — 2 oder 3 ausgenommen — bei Lebzeiten der Stifter gemacht wurden. Der Schenkgeber beraubt sich also unmittelbar selbst und muss noch die Genehmigung seiner Erben zu erlangen suchen, da sonst der Schenkungsakt keine gesetzliche Kraft gehabt hätte. Alle Gesellschaftsklassen sind in der langen Reihe dieser Wohltäter vertreten: **Könige und Feudalbarone, Bischöfe und andere kirchliche Würdenträger, Bürger, ja Handwerker und einfache Arbeiter** bringen der eine seine Schätze, der andere sein Scherflein dar.

Käufliche Erwerbungen begann Clairvaux erst 1153, im Todesjahr seines Stifters, zu machen. Die Bestimmungen des Generalkapitels fanden eben, wie bereits wiederholt erwähnt, nicht immer in Clairvaux die erforderliche Beachtung. So machte das Kloster von 1191—1216, während welcher Zeit jeder Erwerb liegender Güter verboten war, 10 Ankäufe, von denen indes 3 unter der Maske einer Schenkung erscheinen: der Verkäufer figuriert als Schenkgeber und der Preis als Spende; zwei andere sollen angeblich nur deshalb vorgenommen worden sein, um zwei kirchlichen Zwecken dienende Gebäude von Schulden zu befreien. Doch sind die restierenden 5 Verletzungen der Regel schon ein hinreichend charakteristisches Zeichen der eingerissenen Zuchtlosigkeit. In der Folge wurde das erwähnte Verbot des Generalkapitels noch viel weniger beachtet; ja man verletzte sogar ohne Scheu die Grundbestimmungen der Charta Charitatis, die den Besitz gewisser Güter ausdrücklich verbot. Im Jahre 1191 kaufte das Kloster Clairvaux die Kirche von Bologne (Haute-Marne), 1224 die Mühle im Lehensbann von Longchamp, und 1231 gehörten ihm 3 Dörfer mit ihren Bewohnern. Die Zahl der allmählich erworbenen Zehnten etc. aufzuführen, wäre eine Aufgabe für sich, auf deren Behandlung wir hier verzichten müssen.

Die Mönche von Clairvaux waren sich der Ungesetzmässigkeit dieser Operationen, sowie des dadurch veranlassten Ärgernisses sehr wohl bewusst. Wenn sie eine erlaubte Erwerbung machten, so ermangelten sie nicht, es offen und ehrlich zu sagen, während sie verbotene Erwerbungen mehr oder minder vollständig unter der Form einer Schenkung zu verstecken trachteten; das Geld wurde vor der Überlieferung des Eigentums erlegt, und so unter einer anderen Form der gleiche Zweck erreicht, wie bei einem eigentlichen Kaufgeschäft. Bemerkenswert bei diesem Punkte ist der Umstand, dass man bei Käufen, die man als Schenkungen ausgeben wollte, deren eigentlichen Charakter man aber nicht verdecken konnte, die auch von der mönchischen Gesetzgebung nicht gestattet waren, und über die man errötete, wie über eine Schandtat, — dass man bei solchen Käufen sich einen Teil des Objekts, gewöhnlich ein Drittel — doch kommt auch die Hälfte und ein Viertel vor — vom Verkäufer schenken liess, während man den Rest bezahlte.

Die Sucht der Mönche von Clairvaux, ihre Besitzungen möglichst zu vermehren, war im Orden wohl bekannt und oft Gegenstand harten Tadels. Caesarius von Heisterbach erzählt von einem Prior des Klosters Clairvaux, der nach dem Tode einer Dienerin Gottes erschienen sei und ihr mitgeteilt habe, dass er trotz seines sonst untadeligen Wandels bis zum nächsten Fest der hl. Jungfrau im Fegfeuer leiden müsse,

weil er zu sehr bestrebt gewesen sei, die Besitzungen des Klosters zu vermehren. „Das Laster hat mich unter der Maske der Tugend verleitet" (Dialog. mirac. Dist. XII. c. 25 in Bibl. patr. Cisterc. II., 349). —
Man würde nun mit der Annahme, auch die übrigen Cistercienserabteien seien in gleich günstigen Vermögensverhältnissen wie Clairvaux gewesen, sehr irren. Nicht gar zu selten sieht man in der Geschichte des Ordens ein Kloster zweiten Ranges aus Mangel an den nötigen Geldmitteln vollständig zu Grunde gehen. Zu einer Zeit, in der der Zinsfuss ein sehr hoher war, war es noch gefährlicher, als heutzutage, den Weg der Anleihen einzuschlagen. Bei einem Zinsfuss von 5 Prozent erlegt der Schuldner erst in 20 Jahren in Zinsen eine dem Kapital gleiche Summe; dieses verdoppelt sich also — die Zinseszinsen nicht mitgerechnet — erst in 20 Jahren. Ein Erlass Philipp August's aus dem Jahre 1206 setzte aber den Zinsfuss auf 2 deniers pro Woche und Pfund fest; mehr durften die damaligen Bankiers, die Juden, nicht fordern. Es kommt dies nun einem Zinsfuss von 43 **Prozent** gleich, der auch am Rhein und in London galt. In 20 Jahren hätte sich dabei ein Kapital verachtfacht. Auch waren dazu noch die Geldverleiher mit jenem Maximum oft nicht zufrieden. So lieh die Abtei Saint-Bénigne bei Dijon 1196 bei einem Juden 1700 Pfund gegen einen wöchentlichen Zins von 3 deniers pro Pfund, also $65^2/_3$ Prozent; in eineinhalb Jahren verdoppelte sich das Kapital, und da das Kloster erst nach 11 Jahren zahlen konnte, so hatte es zirka 9800 Pfund zu erlegen, also über das Fünffache. Dabei sind die Zinseszinsen noch gar nicht mit eingerechnet. Man sieht aus diesem Beispiele die Grösse der Gefahr, in die man sich bei einer Anleihe begab; auch versteht man dann den tieferen Sinn und die grosse Bedeutung jener bereits mitgeteilten Legende des Caesarius von Heisterbach, nach welcher das Geld des Wucherers im Kasten das Geld des Klosters verzehrte.

Oft fanden sich reiche Wohltäter, die die **Schulden der Klöster** tilgten. So bezahlte die Herzogin Alix von Burgund 1222 die Schulden der Abteien Saint-Seine und Saint-Bénigne; 1207 hatte schon die Gräfin Blanche von Champagne die Schulden letztgenannter Abtei übernommen und sich dafür eine beträchtliche Liegenschaft in Moreins (Haute-Marne) verschreiben lassen, die sie dann dem Kloster Clairvaux schenkte. Ähnliche finanzielle Verlegenheiten zwangen viele Klöster, Immobilien an Clairvaux zu verkaufen; so erwarb dies Kloster 1196 von der Abtei Beaulieu die sehr bedeutende Grangia Belinfay um 500 Pfund.

Die vielen Klöster, die man im Mittelalter eingehen sah, gingen nur infolge **finanzieller Schwierigkeiten** zu Grunde.

Dieser Gefahr hatten die Stifter des Cistercienserordens vorzubeugen gesucht. „Wenn ein Kloster an fortwährendem Mangel und Armut leidet, so soll sein Abt dies dem Generalkapitel kund tun; dann sollen alle übrigen Äbte das Feuer der Barmherzigkeit in ihrem Herzen entfachen und dem Elend dieses Klosters abhelfen und ihm nach Vermögen von den Gütern mitteilen, die ihnen Gott bescheert hat". So die Charta caritatis. Es war **Grundgesetz bei den Cisterciensern, dass die reichen Klöster die armen unterstützten.** Da indessen zu befürchten war, dass im Vertrauen auf diesen Beistand manche Äbte unnötige Ausgaben und leichtsinnige Schulden machen würden, so suchte man dies dadurch zu verhüten, dass man 1181 **verbot, auf die Einkünfte der Zukunft hin Geldaufnahmen zu machen oder das Erträgnis eines späteren Jahres zu verkaufen;** nur die Wolle des folgenden Jahres durfte im voraus veräussert werden. Im Jahre 1182 wurde allen Cistercienserklöstern, die mehr als 50 Mark Schulden hätten, verboten, Ländereien zu kaufen, neue Gebäude zu errichten, ausser wenn das Generalkapitel es für nötig befände. Diese Verordnung ward 1188 und 1240 — unter Erhöhung der Schuldensumme von 50 auf 100 Mark — wiederholt und bei letzterer Gelegenheit in die Institutionen des Generalkapitels aufgenommen. Im Jahre 1240 wurde weiterhin noch **untersagt, dass man Geld auf Wucherzinsen aufnehme, ausser zur Bezahlung früher gemachter Schulden und im Falle höchster Not und Bedrängnis;** zudem sollte der betreffende Abt vor dem Generalkapitel sich betreffs dieser Punkte verantworten.

Diese Vorschriften waren sehr notwendig. Das beweisst u. a. die bedrängte Lage, in der sich im Jahre 1235 die Abtei **Citeaux** befand; man musste damals diesem Kloster eine Unterstützung bewilligen. Clairvaux hatte etwas derartiges nicht nötig. —

Die Besitzungen des Klosters Clairvaux, wie die übrigen Cistercienserklöster, waren in verschiedene Gruppen abgeteilt, deren jede eine **Grangia** oder ein **Cellarium** zum Mittelpunkt hatte. Grangia ist ein terminus generalis, der im Mittelalter auf jedes Gebäude, das landwirtschaftlichen Zwecken diente, angewendet ward; Cellaria nannte man diejenigen Niederlassungen, auf denen man sich hauptsächlich mit Weinbau und Weinbereitung befasste.

Man würde sehr irren, wollte man auf die Grangien und Cellarien bei den Cisterciensern des Mittelalters die Vorstellungen, die man heute mit diesen beiden Begriffen verknüpft, übertragen. Die Grangien und Cellarien der Cistercienser waren oft **Klöster**, — nur im

Kleinen. Der Beschreiber des Klosters Clairvaux, der spätestens im 13. Jahrhundert sein Werk verfasste, berichtet, dass in den beiden Grangien Outre-Aube und der Abtei nur das Vorfinden von landwirtschaftlichen Geräten auf den ersten Blick darauf hinwies, dass man sich in einer Grangia und nicht in einem Kloster befand. Die Grangien und Cellarien hatten ihre **Kapelle**, ihr **gemeinsames Schlafgemach** (Dormitorium), ihr **Refektorium**, ihre **Wärmestube** (Calefactorium), und selbst die Wirtschaftsgebäude waren in jenem Monumentalstil erbaut, den die religiösen Genossenschaften vergangener Zeiten, die nicht blos für den flüchtigen Augenblick arbeiteten, bei allen ihren Bauten in Anwendung brachten, mochte auch ihre Bestimmung noch so einfach und gewöhnlich sein. Indes waren die Grangien und Cellarien keine Klöster im eigentlichen Sinne des Wortes; d. h. **Mönche durften sich daselbst nicht dauernd aufhalten**. Es ist dies mit ein Hauptunterscheidungsmerkmal der Cistercienser von den Benediktinern und Cluniacensern, die Mönche mit der Leitung der Landwirtschaft betrauten und sie auf ihren Besitzungen dauernd ihren Wohnsitz nehmen liessen, woher die sogenannten Priorate stammen. Dieselben besassen sogar einen Convent, d. h. eine Mönchsgemeinschaft, die gemeinsam den Übungen des Kloster- und Mönchslebens oblag. Diese Einrichtungen waren im Cistercienserorden verboten und wurden erst in den Zeiten des Verfalls geduldet. — Eine der Konsequenzen dieses Unterschieds zwischen den Grangien der Cistercienser und den Prioraten der Benediktiner und Cluniacenser war auch die Unmöglichkeit, auf den Grangien die Messe zu lesen; auch gab es daselbst keinen **Friedhof**. Um der Messe anzuwohnen, musste man sich zur Klosterkirche begeben; im Klosterkirchhof wurden die Laienbrüder, die auf den Grangien und Cellarien hausten, begraben. Auch war in der Tat fast nie unter den Laienbrüdern jemand mit der Priesterwürde bekleidet, alle in den Orden eingetretenen Geistliche waren Mönche; den Mönchen aber war es untersagt, ausserhalb des Klosters kirchliche Handlungen als bestallte Diener für solche auszuüben; denn dieselben hätten sie von ihrem eigentlichen Zweck, der strengen Übung des klösterlichen Gebets, das allen anderen frommen Werken vorgehen sollte, ablenken können. Man begreift daher, dass man, wollte man anders nicht den Laienbrüdern die regelmässige Erfüllung ihrer religiösen Pflichten zu einem Ding der Unmöglichkeit machen, die Grangien und Cellarien in nicht allzugrosser Entfernung vom Kloster selbst anlegen durfte. In einer Vorschrift vom Jahre 1152 war **eine Tagreise als äusserste Grenze** festgesetzt. Später überliess man dem Generalkapitel die Entscheidung für jeden einzelnen Fall. Auch die Entfernung zweier

Grangien unter sich war genau bestimmt; sie war auf zwei burgundische Meilen festgesetzt. Der Zweck dieser Vorschrift war ein doppelter: einmal wollte man damit einem Überhandnehmen der Grangien vorbeugen, andererseits Streitigkeiten über Weideplätze etc. unmöglich machen.

An der Spitze jeder Grangia oder jedes Cellariums stand ein Magister, Meister, der gewisse Vorrechte hatte; er durfte das Stillschweigen brechen, um sich mit seinen Untergebenen zu unterhalten. Doch waren seine Vorrechte, sowie seine Amtsgewalt sehr eng begrenzt; er durfte z. B. nicht zum Kloster reiten, wie es jeder Mönch tun konnte, sondern musste, wie die übrigen Laienbrüder zu Fuss gehen. Der zweite Angestellte, der sich auf jeder Grangia befand, war der Frater Hospitalarius, dem der Empfang von Fremden oblag.

Die Vorschriften für die Laienbrüder auf den Grangien waren in gewissen Punkten weniger streng als die der Mönche. Von Ostern bis zum 13. September stand man bei Tagesanbruch auf, von da bis zum 1. Advent und vom 22. Februar bis Ostern erhob man sich so früh, dass man bis Tagesanbruch die Gebete, welche die Laudes vertraten, „abgebetet" hatte, vom November bis Ostern erhob man sich, wenn drei Viertel der Nacht verflossen waren.

Die Laienbrüder auf den Grangien hielten ferner nur die strengen Fasten, also abgesehen von den Tagen vor den Festen gewisser Heiligen, fasteten sie in der Adventszeit, der eigentlichen Fastenzeit, bis zum Aschermittwoch und an allen Freitagen vom 13. September an. Sonst nahmen sie auch alle Tage ihr Mixtum, aus einem halben Pfund Brot (und nach Belieben mehr) und Wasser bestehend, des Morgens ein; im übrigen lebten sie wie die Klosterinsassen, nur zwei Ausnahmen bestanden: erstens tranken sie stets nur Wasser. So wird von Gerhard, dem Bruder S. Bernhards und erstem Cellerarius des Klosters Clairvaux, überliefert, dass er einst von Amtswegen die Grangie visitierte, wozu der Prior dem ihn begleitenden Laienbruder ein Gefäss mit Wein ohne sein Vorwissen mitgab. Als man im Refektorium der Grangie ass, stellte der Laienbruder den Wein vor ihn mit dem Bedeuten, der Prior habe so befohlen. Da goss Gerhard den Wein in das Gefäss mit Wasser, das zum Gebrauch aller Anwesenden aufgestellt war (Bibl. patr. Cist. I, 85—86). Doch gab es seit 1180 Grangien, auf denen man Wein oder Bier trank. Das Generalkapitel bot freilich alles auf, um diesen Missbrauch an den Orten, wo er noch nicht eingebürgert war, hintanzuhalten. Ein Erlass von 1195 bestimmte sogar, dass in den Grangien und Cellarien, wo man Wein trinke, täglich nur eine Schüssel gereicht werden sollte. Die zweite Ausnahme bestand darin, dass der Vorstand der Grangia oder des Cellariums nicht das Recht besass, eine Pietantia zu gestatten; Pietanzien waren daselbst viel seltener als in den Klöstern. Genügte das Gewöhnliche für einen Bruder auf der Grangia nicht, so gab man ihm eine **Brotzulage**. Nur der Abt oder ein Bischof hatten das Recht, eine allgemeine Pietantia für eine Grangia oder ein Cellarium zu bewilligen. Bedurfte ein erkrankter Laienbruder einer Pietanz, so musste er sich an den Abt wenden; der Magister Grangiae durfte ihm nur im Falle äusserster Not vorläufig und nur für drei Tage eine Pietanz gewähren. Um jede Übertretung des Gebotes unmöglich zu machen, hatte man **verboten, in allen Refektorien von Grangien oder Cellarien jemals Käse, Eier oder Fische aufzutragen**, ausser wenn diese gewöhnlichen Bestandteile der Pietanzien vom Kloster geschickt waren.

Die schrittweise Abnahme der Zahl der Laienbrüder von der zweiten Hälfte des 13. Jahrhunderts an zwang allmählich die Cistercienserabteien, ihr Wirtschaftssystem zu ändern. Der Reihe nach sieht man **weltliche Verwalter** an die Stelle der Gemeinschaften der Laienbrüder treten, und die Cistercienser, die als fromme Landbebauer begonnen hatten, wurden zu Gelehrten, ja nur zu oft zu beschäftigungslosen Reichen, „die ihren Müssiggang unter den Schutz des Gebetes stellten". Leider genügte dieser Schutz nicht immer, und traurige Vorgänge bewiesen dies nur allzu oft zur Genüge.

Es gab in Clairvaux 12 Grangien und 2 Cellarien. Das Kloster hatte ferner noch 2 **Schmieden**, eine in Clairvaux selbst, die andere in Vassy, welch' letztere ein Geschenk des Grafen Heinrich I. von Champagne (1157) war, **Wohnhäuser** in den Städten Bar-sur-Aube, Nogent, Provins, Troyes und Dijon, zur Beherbergung von Brüdern, die in diesen Städten Geschäfte zu besorgen hatten. Die Dependenzien des Hauses in Dijon waren so bedeutend, dass ihre Verwaltung die beständige Gegenwart mehrerer Brüder erforderlich machte. Endlich gehörte dem Kloster noch das Collegium Sancti Bernardi in Paris. —

Die Notwendigkeit, in der sich die Cistercienserklöster sahen, ihre **überschüssigen Erzeugnisse zu verwerten** und andererseits **nötige und unentbehrliche Artikel, die sie nicht erzeugten, zu erwerben**, zwang dieselben im Mittelalter zu einer Tätigkeit, von der sich heutzutage ein Eigentümer befreit sieht, und die man sogar als der Genossen eines religiösen Ordens unwürdig erachten würde. Arbeitsteilung ist das Prinzip der Neuzeit. Der **Handel** hat eine kolossale Ausdehnung gewonnen, daher auch die Zahl derjenigen, die ihn zu ihrem Berufe gemacht haben, eine ungleich beträchtlichere ist als im Mittelalter. Die vielen Handelsniederlassungen bis in die kleinsten Städtchen und Dörfer bringen dem Konsumenten seine Bedürfnisse bis fast vor die Türe, während er sie sonst oft weit herholen musste. Umgekehrt braucht der Produzent nicht mehr selbst seine Erzeugnisse feilbieten; eine ganze Menschenklasse gibt es heute, die die Vermittlung zwischen Produzent und Konsument zu ihrem besonderen Berufs- und Erwerbszweig gemacht hat; Wollhändler, Getreidehändler, Viehmakler etc. durchstreifen das Land und kaufen den Überschuss der lokalen Produktion auf.

Im Mittelalter war das ganz anders. Die Kaufleute, wenig an Zahl schon an und für sich, mussten sich auf gewisse Operationen beschränken, deren wichtigste die war; **zu bestimmten Zeiten an bestimmten Orten die Waren, welche die Produzenten anboten und die Konsumenten verlangten, zu kaufen und wieder zu veräussern.** Sie mussten sich also von Hause entfernen und oft weite Reisen machen, um sich Geld oder die nötigen Artikel zu verschaffen.

Man trifft daher im 12. Jahrhundert die **Cistercienser** ebensowohl auf dem **Jahrmarkte**, wie im **Rate der Könige**, wie auf der **Kanzel** oder **Schulbank** und dem **Lehrstuhl**; man begegnete ihnen eben in allen Centren des sozialen Lebens. Doch betrachtete man den allzuhäufigen Besuch von Jahrmärkten im Cistercienserorden als etwas Gefährliches; es war aber nicht zu umgehen, und so suchte man denn durch genaue Vorschriften etwaige üble Folgen möglichst zu beschränken, ohne sie indes vollständig aliminieren zu können. So lesen wir in den Institutionen des Generalkapitels (cap. 49 in Nom. Cist. pag. 260 f.): „Es ist gefährlich und durchaus keine besondere Ehre für einen Ordensbruder, wenn er die Jahrmärkte zu oft besucht, doch da **uns die Armut zum Kaufen und Verkaufen nötigt,** so dürfen die Klöster Brüder auf die Wochen- und Jahrmärkte senden, wenn es nötig ist, jedoch **nie über zwei auf einmal und nur, wenn die Entfernung nicht über drei, höchstens vier Tagreisen beträgt.** Man soll nie eine Seefahrt unternehmen, um etwa einen Jahrmarkt in England zu besuchen; wenn indes ein Kloster nahe bei einem Seehafen liegt, so kann man zum Zweck von Käufen oder zum Tauschhandel eine Seefahrt unternehmen, doch nur unter der Voraussetzung, dass man sich auf keinen Jahrmarkt begibt oder mehr denn zwei Tagreisen vom Ausgangshafen entfernt. Der Mönch oder Laienbruder des Ordens, der sich auf einem Jahrmarkt befindet, achte strenge darauf, nicht mehr zu essen, als ihm zuträglich ist und es einem Cistercienserbruder ansteht, keinen Fisch zu eigenem Gebrauch zu kaufen, nicht eitlen Vergnügungen nachzujagen und den Wein nur mit Wasser gemischt zu trinken. Er soll sich mit zwei Schüsseln genügen lassen und keine Ein- und Verkäufe für Weltliche machen". Ein Statut von 1157 (Martène Anecd. IV., 1247) erhöhte die erlaubte Entfernung; es erlaubte, L e d e r auch bei einer grösseren Entfernung als vier Tagreisen einzukaufen. Diese Vorschriften über die Entfernung wurden später nicht erneuert und scheinen allmählich ausser Gebrauch gekommen zu sein. Die Äbte schickten in der Folgezeit die Brüder soweit, als es ihnen der Vorteil des Klosters erforderlich und rätlich erscheinen liess.

Die meisten der uns hier beschäftigenden Vorschriften beziehen sich auf das V e r b o t d e r H a n d e l s c h a f t für die Ordensglieder, d. h. s i e s o l l t e n n i c h t k a u f e n, u m w i e d e r z u v e r k a u f e n, sie sollten nicht die Makler spielen, oder durch industrielle Tätigkeit den Wert ihrer landwirtschaftlichen Erzeugnisse zu erhöhen suchen. Die gewerbliche Tätigkeit, welche die natürliche Beschaffenheit der Bodenerzeugnisse verändert und denselben einen höheren Wert verleiht, war n u r z u r D e c k u n g d e r B e d ü r f n i s s e d e s e i g e n e n K l o s t e r s g e s t a t t e t. So erklären die Ordensstatuten jeglichen Eintausch von Waren behufs späteren Verkaufs für unehrenhaft (Stat. cap. gen. Cist. 1157 bei Martène Anecd. IV. 1249); so wird der Verkauf von Leder aus den Klostergerbereien untersagt. Im Jahre 1214 soll ein Abt untersuchen, ob ein englischer Laienbruder Wolle aufgekauft und später wieder zu höherem Preis verkauft habe. Im Jahre 1235 wird verboten, Klosterbrote gegen Getreide einzutauschen, und 1270 wird Ein- und Verkauf von Wein untersagt.

Der K l e i n h a n d e l war ebensowenig gestattet. Speziell der „W e i n s c h a n k" durch Laienbrüder oder einen beauftragten Weltlichen ist ausdrücklich verboten. Ein Statut von 1182 gestattet, den Wein im Grossen an einen Weltlichen abzugeben, der seinerseits das Recht hat, denselben in einem dem Kloster gehörigen, aber ausserhalb desselben gelegenen Hause auszuschenken (Martène, Anecd. IV. 1254), eine Bestimmung, die 1183 wiederholt ward; 1186 fügte man hinzu, dass in allen Klöstern, in deren Inneren ein Weinschank bestehe, die Feier der Messe untersagt sei. Die Weinschenken der Cistercienser scheinen in den folgenden Jahrhunderten sehr an Zahl zugenommen zu haben; man hiess sie T a b e r n e n (tabernae). Ein Statut von 1270 verbietet, Frauen und Spielern den Zutritt zu gestatten oder Häuser zu mieten, um in Städten, besonders in Paris, Wein zu schenken.

Natürlich konnten die Cistercienser nur Wein eigenen Gewächses verkaufen. Doch trotz aller dieser Vorschriften können wir nicht umhin, die Schwäche des Generalkapitels zu beklagen und zu bedauern, dass die niedere Gewinnsucht einen Orden, aus dessen Schosse soviele fromme und bedeutende Männer hervorgegangen sind, so oft das Anstandsgefühl bei Seite setzen liess.

Es war das Verderben für die Cistercienser, dass sie sich zu sehr mit den weltlichen Vorteilen ihres Ordens beschäftigten und so den rein geistlichen und geistigen Zweck der Stifter ausser Augen liessen. Die erhabenen sittlichen und religiösen Pflichten, deren treue Erfüllung sich jene als Ziel gesteckt, hätten ihnen stets als Richtschnur dienen sollen. Ihre Zeitgenossen bemerkten das grosse Übel wohl und scheuten sich nicht, ihnen die Meinung zu sagen, wie aus einer Legende, die uns Caesarius von Heisterbach (Dialog mirac. Dist. VII. cap. 40 in Bibl. patr. Cisterc. II., 213) berichtet, klar hervorgeht. Ein junger Student in Köln*) war ein treuer Verehrer der Cistercienser. Als man ihm aber eines Tages über ihren Geiz und ihre Gewinnsucht die Augen öffnete, fasste er eine so grosse Abneigung gegen sie, dass er sie kaum noch ansehen konnte. Da erschien ihm die hl. Jungfrau im Traum und verwies ihm sein Gebahren, worauf er wieder ein Freund der Cistercienser ward. Welch klägliche Antwort auf so wohl begründete Angriffe, welch' ein Unterschied zwischen S. Bernhard und Cäsarius von Heisterbach, welch' ein Verfall in weniger als einem Jahrhundert! Welch' traurige Erscheinung bilden diese Träume, in denen die hl. Jungfrau, die wohl die „Schutzpatronin" des sittenstrengen Ordens gewesen, als eine Mitschuldige seiner Verirrungen erscheint! —

Diese „quasi kommerzielle" Tätigkeit der Cistercienser war durch zahlreiche Privilegien von Fürsten und Adeligen unterstützt und erleichtert. Im Mittelalter war der Transithandel schwerstens belastet; jeder kleine Baron liess sich Zoll zahlen. Überall findet man diese Rechte unter den verschiedensten Namen als Wegzoll, Wagenzoll, Durchgangs- und Eingangszoll; sie trafen alle Waren, auf welche Art und Weise sie auch immer verschickt werden mochten. Ursprünglich waren alle zollpflichtig; im 13. Jahrhundert aber tritt der Brauch ein, Adelige, Geistliche und Ordensleute, die keinen Handel treiben, vom Zoll zu befreien. Eine Bulle Alexander IV. vom 7. Oktober 1256 dehnt dieses Vorrecht auch auf den Cistercienserorden aus. Diese allgemein gültige Ausnahme

---

*) In Köln befand sich im Mittelalter eine Hochschule, Bursa, deren Besucher Bursen hiessen (daher der Ausdruck, „Burschen").

hat sich allmählig aus den vielen einzelnen Befreiungen von Zoll und Steuerpflicht durch die Könige und Barone herausgebildet.

Die Privilegien, welche die Mönche vom Zoll befreiten, setzten die zur Zolleinnahme Berechtigten manchmal Schädigungen aus, da es nicht selten vorkam, dass die Mönche Güter von Weltlichen, also Zollpflichtigen, unter dem Deckmantel von Klostergut, mit durchschmuggelten. Das Generalkapitel beauftragte daher 1210 den Abt von Morimond, diese Sache zu untersuchen und bevollmächtigte ihn, die Schuldigen zur Strafe zu ziehen (Stat. cap. gen. Cist. 1210 bei Martène, Anecd. IV. 1308). —

* * *

Der Cistercienserorden gereichte zwei Jahrhunderte hindurch der Kirche zum Ruhm und zur Erbauung. Die Lebensweise in demselben war, wie wir gesehen haben, ungemein streng. Die Religiosen gelobten, die Regel S. Benedikt's buchstäblich zu beobachten, ohne eine Milderung oder Dispenz zuzulassen. Mit dem Fasten, Gebete, Nachtwachen und dem Chorgesang verbanden sie die Händearbeit. Die Einsamkeit und das Stillschweigen bewahrten sie mit der äussersten Genauigkeit; Einfachheit und Armut herrschten in allem, in der Nahrung, in der Kleidung, in den Geräten, ja selbst in der Zier ihrer Gotteshäuser.

Diese strenge und heilige Lebensweise hielt jedoch nicht immer an. Gegen Ende des 13., und zu Anfang des 14. Jahrhunderts begann der Orden von seiner Höhe herabzusinken; der allmählich hoch anschwellende Reichtum, der durch die weitgehendste Gastfreundschaft bewirkte häufige Verkehr mit der Welt und noch verschiedene andere oben angeführte Faktoren führten dessen Verfall herbei. In den meisten Cistercienserklöstern Frankreichs, dem Mutterland des Ordens, fiel die von der Regel vorgeschriebene Abstinenz von Fleischspeisen fort, wie auch das Gelübde der Armut nicht mehr so streng beachtet wurde. Auch der Geist des Stillschweigens und der Einsamkeit wich nach und nach aus den meisten Cistercienserklöstern. Wohl erhob man im Generalkapitel laute Klagen über die Missbräuche und Verletzungen der Regel; man bestrafte die Ärgernisgeber und verschonte pflichtvergessene Äbte nicht; Mahnungen voll Eifer und Liebe zur Eintracht und Zucht gab es in Fülle; aber der Erfolg entsprach nicht dem Eifer. So verringerte sich auch dieser mehr und mehr und wich einer bedauerlichen Schwäche. Auch die Päpste griffen zur Abstellung der eingerissenen Unordnungen ein. Benedikt XII. suchte 1335 den Orden, der doch selbst aus dem Bedürfnis der Klosterreform hervorgewachsen war (1098), zu reformieren; allein seine Bemühungen waren von keinem bleibenden Erfolg.

Die Entwicklung führte den Cistercienserorden denselben Weg, wie alle anderen, den Weg durch Reichwerden zum Verfall. —

Und als hartes Strafgericht kam die französische Revolution und in ihrem Gefolge 1789 die Säkularisation der Cistercienserklöster — à la disposition de la nation. Wenn wir heute die Abtei Clairvaux besuchen, die Zeugin so vieler Grosstaten gewesen, und uns im Geiste in ihre beste Zeit versetzen, — denn unverändert sind fast die sämtlichen Gebäude, glauben wir wohl noch, jene ernsten Mönche in ihren langen, grauen Kutten zu finden bei harter Arbeit, frommem Nachdenken und strenger Busse; doch unbarmherzig reisst uns die Wirklichkeit aus unseren Illusionen: da steht an der Pforte ein S o l d a t mit Gewehr auf der Schulter. Er sagt nicht: Deo gratias, vielmehr fährt er uns an: „Was wünschen Sie?" Kein Klosterabt ist es mehr, den wir besuchen. Der Nachfolger S. Bernhards ist ein Beamter, der, ohne eine Regel zu verletzen, verheiratet sein und Kinder haben kann. Er darf mehrmals in der Woche Fleisch essen ohne Furcht vor Tadel oder Strafe, er braucht keine Horen zu singen und kann trotz alledem ein einwurfsfreies Leben führen. Er trägt weder Kutte, noch Skapulier, seine Alltagstracht ist ein einfacher Überrock und bei feierlichen Gelegenheiten trägt er eine goldgestickte Uniform. Dieser Mann ist der D i r e k t o r d e r S t r a f a n s t a l t C l a i r v a u x; ein Titel, der uns die Umwälzung, die hier stattgefunden, deutlich genug veranschaulicht.

Was die Nationalversammlung 1789 Clairvaux und allen geistlichen Gütern Frankreichs brachte, das brach — eine Folge des Lüneviller Friedens — 1803 durch den Reichsdeputationshauptschluss auch über die d e u t s c h e n Cistercienserklöster herein.

100 J a h r e s i n d e s a m 3. M a i 1903 g e w e s e n, seit die berühmte Cistercienserabtei E b r a c h in Franken aufgehoben ist, in der Verfasser vorstehende Abhandlung niederschrieb und in deren noch fast sämtlichen vorhandenen grossen Gebäulichkeiten jetzt ebenfalls Zuchthaussträflinge büssen — wie in Clairvaux.

Sic transit gloria mundi! Clairvaux und Ebrach — einst und jetzt! —

> „Den diese grauen Mauern e i n s t umschlossen,
> Der war der Welt Getriebe ferngerückt,
> Und Gottes Friede hat sein Herz erquickt,
> Hat ihn im Wachen und im Schlaf umflossen.

Wie er dort draussen auch gekämpft, gelitten,
Wie bald verblasst' ihm d i e Erinnerung!
Ihn hob empor der Seele Riesenschwung,
Und nur für Gott hat noch sein Geist gestritten.

Wer seinen Herrn und seiner Seele Frieden, —
Wer sich aus einem Labyrinth gefunden,
Dem Labyrinth der ruhelosen Welt,

Dem hat kein Satan Fallen (?) mehr gestellt,
Ihm schlug kein Weltschmerz ferner Todeswunden;
Wohl blieb er Mensch, — doch R u h ' war ihm beschieden!

Und j e t z t? Ja jetzt! Die Psalter sind verklungen,
Verstummt ein Säkulum der ernste Horensang;
Der Z ü c h t l i n g schreitet durch den Klostergang;
Und Ketten halten seinen Fuss umschlungen!

Dort in den Sälen, die der Mönche Schaffen,
Ihr Wirken durch Jahrhunderte geschaut,
Wird nun manch' Schrei aus banger Seele laut,
Die ihren Frieden selten mehr erraffen,

Weil böser Taten Fluch sich an sie heftet
Und sie verfolgt, sobald sie wieder treten
Aus diesen Mauern in die Welt hinaus;

Und diese Welt mit ihrem Sündengraus
Stürzt selbst die Bess'ren leicht in neue Nöten, —
Was nützt ihr Streben, das ein — F l u c h entkräftet?!"

Literatur - Angabe.

1. *Nomasticon Cisterciense* (Paris 1664).
2. *Mabillon*, S. Bernardi opera (Paris 1690).
3. *Martène* und *Durand*, Voyage littéraire de deux Benedictins, Paris 1717.
4. *Henriquez*, Fasciculus Sanctorum ordinis Cisterciensis, Brüssel 1623. Auszüge in Migne, t. 185 (Chronicon Claravallense). — Menologium Cisterciense, Antwerpen 1630.
5. *Tissier*, Bibliotheca patrum Cisterciensium (1660—1669).
6. *Chifflet*, Sancti Bernardi Clarevallensis abbatis illustre genus assertum. 1660.
7. *Herbert*, De miraculis tres libri, in Migne t. 185.
8. *Migne*, Cursus patrologiae.
9. *D'Achery*, Spicilegium seu collectio veterum aliquot scriptorum. Paris 1663 et seq.
10. *Bouquet*, Recueil des historiens des Gaules et de la France. Paris 1738—1865. XXII tt. fol.
11. *Manrique*, Cisterciensium seu verius ecclesiasticorum annalium a condito Cistercio tomi IV. Lugduni 1642—1659, fol.
12. *Meglinger*, Iter Cisterciense seu descriptio itineris Cisterciensis, quod ad comitia generalia eiusdem sacri ordinis expedivit Joseph Meglinger mense, Maio anni 1667, in Migne, t. 185.
13. *D'Arbois de Jubainville*, Études sur l'état interieur des abbayes Cisterciennes. Paris 1858.
14. *Janauschek*, Originum Cisterciensium Tomus I. Vindobonae 1877.
15. *Vacandard-Sierp*, Leben des Heiligen Bernhard von Clairvaux. 2 Bände. Mainz, 1897. F. Kirchheim.

Inhalt.

	Seite.
Vorwort	III
I. Das Leben der Mönche in den Cistercienserklöstern . . .	2

Mönche, Laienbrüder (Conversi) und Oblaten. — Das Gelübde der Keuschheit, der Armut, des Gehorsams und des Schweigens. — Das Kultusleben. Andachtsübungen. Messe. Kapitel. Lektüre heiliger Schriften. Kirche und Kultusgegenstände. — Die Kirche von Clairvaux. — Die körperliche Arbeit. — Die Studien der Mönche. Die Kollegien der Cistercienser. Einteilung der Bibliothek von Clairvaux. Quellen über die Bibliothek von Clairvaux. — Die Nahrung der Mönche. Zahl und Ordnung der Mahlzeiten. Die Menge der Nahrungsmittel. — Tracht und Lager.

II. Ordensleitung und Klosterämter bei den Cisterciensern   40

Generalkapitel. — Die Äbte des Cistercienserordens im allgemeinen. Die Äbte von Clairvaux im 12. und 13. Jahrhundert. — Der Prior. Die Prioren in Clairvaux. — Der Subprior. — Der Kantor (Cantor). — Der Bibliothekar (Armarius). — Der Sakristan (Sacrista). — Der Novizenmeister (Magister Novitiorum). — Der Pförtner (Portarius). Der Pförtner in Clairvaux. — Der Infirmarius. — Der Hospitalarius. — Der Arzt (Medicus). — Der Kellermeister (Cellerarius). — Der Refectorarius. — Der Grangiarius. — Der Säckelmeister (Bursarius). — Der Kämmerer (Camerarius). — Der Almosenpfleger (Eleemosynarius oder Pietantiarius). — Der Rentant (Rentarius). — Der Kaufmann (Mercator). — Der Aquarius. — Der Magister Conversorum. — Der Schirrmeister (Magister quadrigarum). — Der Vestiarius.

III. Eintritt in den Cistercienserorden und Austritt aus demselben   64

Berufung. — Noviziat. — Austritt aus dem Orden.

	Seite.
IV. Besitzungen und Einkünfte im Cistercienserorden	71

Klostereigentum im 12. und 13. Jahrhundert. — Erwerb von Eigentum im Cistercienserorden. Allgemeine Bestimmungen darüber. Vergleichende Übersicht der finanziellen Lage des Klosters in Clairvaux bei seiner Gründung und bei seiner Aufhebung. Freiwillige Schenkungen an das Kloster Clairvaux. Ankäufe der Abtei Clairvaux im 12. und 13. Jahrhundert. — Schulden der Cistercienserabteien im 12. und 13. Jahrhundert. Schulden anderer Ordensklöster. Bestimmungen über Schulden der Cistercienserklöster. — Eigentumsverwaltung der Cistercienserabteien im allgemeinen und des Klosters Clairvaux im besonderen. Grangien und Cellarien der Cistercienserabteien und Vorschriften darüber. Die Grangien und Cellarien des Klosters Clairvaux. — Von der kaufmännischen und gewerblichen Tätigkeit der Cistercienser.

Literaturangabe 88